一個人的
粗茶淡飯

目錄

二、台南的味道

三、粗茶淡飯

四、自慢滋味

五、小菜一碟

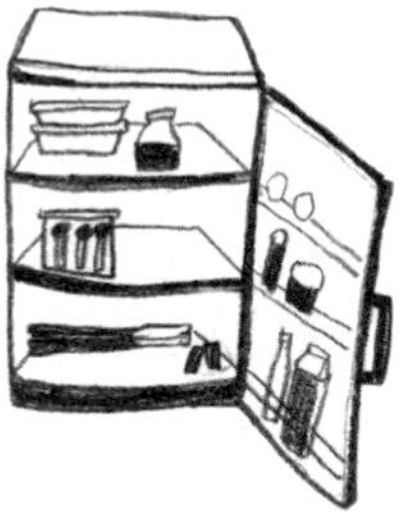

前言

關於把自己餵飽這件事

人過中年，開始會做一些年輕時期厭惡做的事情，而且越來越執著，甘之如飴，甚至不理會別人的側目，就算被嘲笑，被說是傻瓜笨蛋，也無所謂。

為何如此？可能是因為人生已然來到下半場，可以出手攻擊的機會不多了，必須將領先的局面守下來的壓力卻不小。

以前總以為花錢打發一餐兩餐，是犒賞自己的恩典，後來漸漸覺得，有本事自己料理菜色，自己把自己餵飽，才叫做幸福。

「很花時間啊！」

「沒有比較省錢啊！」

「麻煩！」

「外面買一買就好了啊！」

「還要洗碗，很討厭！」

諸如此類的，還搭配不耐煩的表情，或雙手插腰，食指直接朝著鼻頭戳過來，「妳這傻瓜，這樣子有什麼好拿出來說嘴的。」

對方大約是那樣的意思，即使沒有明白說出口，也大概是那樣的表情。之前還會費盡唇舌去爭辯，漸漸地，就算了，笑笑即可。畢竟，每個人都要為自己的人生負責。

從搭車到四個站牌之外的傳統市場採買，到搭捷運經過十數個站之外的生鮮超市採購，每週一到兩次的買菜行程，有時候透過網路跟小農直接訂貨，已經成為我的日常課業。

採買當時，腦袋其實就已經同步構思菜色如何搭配，也就是先在心頭揣摩那些味道，但也有不按照計畫來的，發現當令蔬菜，想吃的海鮮，便宜又好，先買了再說。因為當令新鮮的食材，都有配合節氣、調理體質的使命，只要肚子餓了，走入廚房，那些採買當時美好邂逅的心情，自然而然就會找到味道的歸宿。

反正在家工作，坐久了，總得起來走動，於是，走動的時候，就晃到廚房水槽邊，打開水龍頭，洗菜。如果是葉菜類，就盡量在水中搖晃沖刷，如果是瓜果根莖類，就先用軟刷子謹慎刷洗，接著浸泡，浸泡過後再沖洗，比自己洗臉SPA還要費力的態度。

該解凍退冰的，該事先調味的，該切絲切塊的，該滾水燙過的，一次一次的離座走動，一次一次備料完成，我像個每天都要拿著手套到牛棚熱身的中繼後援投手。

人生到這個階段了，什麼熱量、膽固醇、三酸甘油脂，什麼農藥殘留、化學添加，都不只是如影隨形的背後靈。每次躺在沙發上，一邊看電視一邊摸肚子，總會揣測肚子裡面到底藏了什麼不該出現的東西，諸如此類的不安，已經變成人生難以逃避、非得認命不可的微小卻巨大的疑神疑鬼了。

那就盡量自己料理，清清楚楚知道從採買到清洗到調味的過程，是怎樣的山水相逢，總也是對自己負責的態度。雖然這樣講，實在很矯情。

即使是自己煮給自己吃，也盡量有飯有青菜有肉有魚有湯，當日烹煮，當日完食，還要用心擺盤，當作一種款待的心意。

朋友問我，煮食對我來說，算不算是療癒？或是幸福感？

我想了一下，好像也沒有到「療癒」或「幸福感」那種浪漫偉大的層次，如果硬要定義，可能比較接近於「責任感」的訓練吧！

對現階段的自己來說，料理三餐，看似毫不起眼的日常，最小限度的善待自己，卻巨大如人生志業那樣。我喜歡自己把自己餵飽，即使難吃，也要負責任地，直到最後的湯汁都不能閃躲。套一句日本人愛用的說法，雖然只是小小的日常，卻是我的人生「流儀」。

一、家裡的味道

外婆的薑燒醬油味

走在白天與黑夜交接的暮色中，倘若巷尾飄來鄰人烹煮晚餐的香氣，恰巧有薑燒醬油的味道，不自覺就在步履之間定格，彷彿被時間下了蠱，時空磁場瞬間翻轉，隨即跌入記憶的缸底，缸底搖晃著焦黃的糖蜜色……

大約從小學三年級開始，爸媽一起出國旅遊時，就是由「將軍北埔」鄉下的阿嬤或「高雄哈馬星」外婆輪流來陪伴我們。其中，又以外婆來支援的機率比較大。

外婆做菜的手藝很強，戰後曾經在台北城內某「醫生公館」和桃園的「紡織廠老闆」家裡掌廚幫傭，據說料理出一整桌宴客酒席也不是問題。因此，爸媽出國的日子，我完全不介意父母離家該有的思念，整天就等著外婆變出什麼餐桌好料來解饞。

微妙的是，我並不記得那些年，外婆做過什麼菜色，唯獨一種味道，直到現在都記憶深刻。

嗯，是薑燒醬油的味道。

外婆吃早齋，農曆初一、十五也吃全素，這薑燒醬油的作法，有時候是香菇泡軟之後切成細絲快炒，有時候炒「竹仔枝」（後來才知道那是素料的一種，類似豆皮）。總之，熱油鍋，先把薑絲炒過，再把香菇或竹仔枝加進去，淋上醬油，少許糖，蓋上鍋蓋，慢火燒，燒到湯汁稍微收乾，就好了。

吃素不能吃蔥蒜，唯獨薑是被允許的。我問過外婆，她也不知為何薑可以列為素菜。但是有別於蔥蒜辣椒等辛香料，薑的味道很清雅，辣不至於辣口，嗆也不至於過嗆，溫溫順順，尤其添了醬油和糖，那味道彷彿是夜裡一輪明月，美到不行。

嫩薑切絲煮魚湯尤其好，可以去腥味，又搶不走魚的鮮味，起鍋前，滴幾滴米酒，尤其冬日熱熱喝，從舌尖一路溫到心窩。

嫩薑跟青蔥一樣，通常是傳統市場買菜的人情贈禮，當日若買了蛤蜊或絲瓜，也不必明說，彷彿是市井交易的心領神會，老闆娘隨即折一段嫩薑塞進袋子，儼然是早就約定好的事情。

幾年經過，跟賣菜老闆娘交情像山泉水一樣，涓滴成無言的默契，餽贈的嫩薑不知不覺累積到一個程度，也就隨手拿了櫃子裡的乾香菇來泡，泡軟之後，捏掉水分，切成細絲，醬油薑絲炒一炒，又是一盤下飯的配菜，天底下怎會有這麼美好的做菜義理啊！

如果說，辣椒是東區夜店穿緊身馬甲的辣妹，那麼，嫩薑就是穿著旗袍，走在大稻埕的舊時代姑娘，在月光下，唱著〈月夜愁〉。

而今，這薑燒醬油味，變成一道思念外婆的情感料理，有時候也懶得起油鍋爆香薑絲了，拿單柄小湯鍋，把泡過香菇的水，小火燒滾，撒一把薑絲，淋少許醬油，醬油本身就有甜味，連糖也省了。就用這醬汁當底，煮涷豆腐，或豆皮，小火悶滾，起鍋前，淋幾滴香油，配飯配稀飯，或初一、十五，或任何思念外婆的時候。這薑燒醬油料理，變成一座跨越陰陽的橋，橋的那頭，外婆穿著旗袍，16歲從桃園鄉下賣到台北城內「下奎府町」當養女的青春模樣，月光下，哼著〈月夜愁〉。

也不是什麼複雜的菜色，一旦有感情，吃起來就有牽掛的黏度。外婆如果知道我僅僅記得這薑燒醬油的滋味，遺忘了她那些足以辦整桌酒席的拿手菜，不知道會不會一手搖扇一手戳我額頭，笑我笨蛋啊！

草地阿嬤的餐桌

阿嬤出生在台灣的日本時代，推算起來，應該是明治年間，嫁到台南將軍鄉北埔村的時候，還未滿20歲，結婚當天，才第一次見到丈夫，也就是我阿公。這對夫妻，一個叫王菊，一個叫陳獅，既溫柔又堅定的結合，畢竟是經歷過世界大戰的人啊！

小時候，我們說北埔村是「草地」，所以北埔村的「內嬤」稱為「草地阿嬤」，住在高雄哈馬星的「外嬤」，則是喚作「高雄阿嬤」，也因為高雄阿嬤有一頭接近銀色的白髮，又有一暱稱為「美國阿嬤」。

每逢年節拜拜，早期搭興南客運返鄉，後來父親買了一部白色福特跑天下，就不必大包小包從東門城外跋涉到逢甲路客運總站排隊候車。印象中，草地阿嬤擅長的菜色就是一碗一碗湯，大碗公擺滿桌。那些碗公幾乎都是古董，日本時代留下來的，或我們這些小孩會自作聰明說那是「清朝的碗」，歷史感很錯亂啊，沒辦法，畢竟那還是偉大蔣總統的年頭。

阿公早年兼職幫村子裡的總舖師跑腿當採買，總舖師接了筵席案子，開出菜單和數量，阿公不識字，卻硬是把總舖師交代的菜色記在腦子裡，再步行往返學甲菜市場採購，當時到底有沒有拉「里阿卡」去載菜，不得而知。

因此在家裡，阿公也負責買菜，阿嬤只負責做菜，兩人的分工，很微妙。

然而最微妙的是，一般家庭餐桌，不都只有中間一碗湯，外圈是餐盤，這樣的排列組合才對，可是草地阿嬤的餐桌，壯觀的湯碗部隊，碗公中間空隙勉強塞一到兩個盤子，餐桌大，每道湯再分裝成兩碗公，把桌子塞得滿滿的，看起來很澎湃，煞氣非凡。

每次都會固定出現的是「豆仔薯湯」「鹹菜蚵仔湯」「黃帝豆湯」「魷魚螺肉蒜」這四道湯，每道擴充成兩碗公，餐桌上面起碼八個碗公起跳，非常壯觀。雖是「草地菜」，但是人多，熱鬧，大口扒飯，大口喝湯，依然煞氣。

豆仔薯形狀類似卡通片《櫻桃小丸子》的「永澤同學」頭型，口感接近水梨或香瓜，北部人說法不同，普遍稱為「涼薯」。豆仔薯洗淨去皮刨絲，先用豬油炒過，再加水煮滾之後，打一顆蛋花，加一大把青蒜，只要少許鹽巴調味就好，爽口且清甜。我在台北傳統市場偶爾會看到「豆仔薯」出沒，總是驚喜萬分，立刻抓一根青蒜，拿去結帳。老闆娘問，「炒蛋嗎？」我搖頭，「不對不對，是煮湯。」老闆娘隨即接話，「是台南人喔！」

相視，會心一笑。往後有漂亮的豆仔薯，老闆娘就問，「台南人，要不要買回去煮湯？」

至於鹹菜蚵仔湯的鹹菜要先切成細長條，那時候的醃漬鹹菜比較沒有人工添加的化學味道，即使煮湯，也還能保持脆脆的嚼感。蚵仔很鮮，因此沒有臭腥味，又多是不縮水的「大物」，這道湯完全不必調味，光是鹹菜的酸味與蚵仔飽含的海水鹹味，就足夠煮一大鍋了。

拜拜三牲的整隻雞要先用大灶大鍋滾水燙過，拜完之後就端進廚房，婆媳女眷們七手八腳合力撕成雞絲，跟青蒜醬油炒成一大盤，剩下的雞骨拿去熬湯煮黃帝豆，煮到黃帝豆鬆鬆軟軟，入口即化，又有飽足感。可惜我小時候不喜歡黃帝豆，反而來到中年，黃帝豆變成鄉愁，尤其看到某些菜攤將黃帝豆用瘦長的透明塑膠袋紮成禮物一樣的包裝，每次都忍不住，拎著一袋黃帝豆去結帳，好像是多麼浪漫的事。

豆仔薯湯、鹹菜蚵仔湯、黃帝豆湯，尋常的台南鹽分地區家常菜，倒是「魷魚螺肉蒜」，後來被定義為台式酒家菜，怎麼想，都覺得不可思議。阿嬤終其一生去過最遠的地方就是玉井和台南城內，應該也沒機會嚐過酒家菜，可是她的魷魚螺肉蒜做得極好，光是將魷魚泡軟，用銳利的尖刀刻花，放入熱湯之後，捲成漂亮紋路，就可稱為藝術了。螺肉罐頭在彼時也算奢侈品，拜拜才捨得買一罐，湯裡加少許肥瘦均勻的五花豬肉片，最後也是撒一把青蒜收尾。螺肉罐頭的湯汁原本就有甜甜的鹹味，在鍋裡稀釋開來，入口滋味，很難形容。我後來自己做過這道湯，光是魷魚切花就吃盡苦頭，果然是一道功夫菜。

草地阿嬤的餐桌，滿滿的碗公，滿滿的湯。少數淺碟餐盤菜色，就是拜拜三牲那一尾煎到黃金透亮的虱目魚，一大盤青蒜醬油炒雞絲，至於拜拜三牲那條三層五花肉，抹鹽慢火乾煎做成「鹹肉」切成小塊，也算是阿嬤的拿手菜。

祖孫三代，人多，按照規矩是男人吃第一輪，小孩吃第二輪，女人吃第三輪，湯若冷了就端回大灶大鍋熱一熱。中飯過後，用竹編的罩子將整桌碗公盤子罩住，午睡醒來，我會偷偷掀開罩子一角，徒手捏鹹肉或雞肉絲當零嘴吃，或乾脆捧著碗公，忽嚕忽嚕，喝冷掉的蚵仔湯。

我對年節返鄉吃飯的記憶，就是桌上那一碗一碗湯，還有阿嬤阿姆阿嬸與母親拉了小板凳，窩在後院水槽邊，切大把青蒜、剝雞肉絲、洗蚵仔、切鹹菜、雕魷魚花、剝黃帝豆、剉豆仔薯的身影。

阿嬤過世很多年了，偶爾，就費點心思力氣，做這幾道思念的料理，擺滿桌，複製那個保守年代的吃食記憶。至於，為什麼滿桌碗公滿桌湯，直到現在，沒人知道，也想不通，也許，這就是草地阿嬤的料理流儀。

●多謝款待之母親的廚房身影

NHK晨間小說劇《多謝款待》描述一位出生於大正年間的女子「芽以子」，東京洋食名店「開明軒」之女，從小愛吃，對食物充滿感情，因為替心儀的情人準備飯糰，思索好吃的納豆料理，開始她的廚房人生。

高個子的「芽以子」，從少女時代到身為人母，經歷大正到昭和年間，也度過戰爭物資配給的年代，穿著白色圍裙、在廚房跟食材共處的身影，總是讓我想起自己的母親。

許多年以前，母親也有一件類似「芽以子」那樣的白色長袖圍裙，有可能是日本舅媽送的。母親穿著圍裙，背對著餐桌，站在廚台水槽前方洗菜、揀菜，或站在流理台前方剁肉、切絲、雕花，或起油鍋煎魚、炒菜，同步的另一個爐嘴，用來煮湯或滷肉……母親料理三餐的身影總是背著光，畫面之中，有水龍頭的流水聲、油鍋沸騰的呲呲作響、菜刀與砧板碰撞的兜兜聲，各種食物的氣味在廚房空間輪流搶奪第一名寶座，最終又自然統合成為毫無衝突的飯菜香。

長年以來，母親對於烹調的固執也幾乎等同於她人生的縮影。就好像《多謝款待》劇中的「芽以子」一樣，可以做出一桌菜，張羅甜食點心或年節料理，讓家人開心，讓家庭得到互相扶持的勇氣，每日每餐都要想辦法變出新花樣，剩菜剩飯就自己揀來吃，關於吃食的規矩，一直以來，都不容挑戰，也不打算妥協。

母親有她自己啟動一日的儀式，大清早，床頭鴿子聲的電子鬧鐘叫醒，簡單梳洗之後，前去佛堂點香，下樓到院子與大門口掃落葉，放狗出去大小便，然後，開始站在水槽前方，洗杯子。我從小就在洗杯子的聲音之中醒來，隨即翻身又貪睡，偷得幾分鐘，在心裡拿捏著洗杯子之後，應該有熱牛奶、烤麵包、煎荷包蛋與肉片的順序，那些味道緩緩列隊飄上二樓，最好在母親發飆之前，精準抓到起床的節奏，下樓刷牙洗臉吃早餐，然後看著她如何在極短的時間之內變出豐盛的便當菜。

我家鮮少外食，父親剛結婚時，還在運河附近的紡織廠上班，每日中午會騎腳踏車往返城內城外，只為了回家吃中飯。聽說剛結婚的時候只有每日20元的菜錢預算，有一陣子，阿伯和姑姑都來家裡吃飯，每餐要有魚有菜有肉，母親這個新嫁娘大概也跟《多謝款待》的「芽以子」一樣，為了變出豐盛的菜色而傷透腦筋。

但我有記憶以來，家裡的三餐向來都是滿桌餐盤，必然有海鮮有肉有青菜有豆腐豆干還要有一大碗湯，三菜一湯是基本，一鍋滷肉是常態，就連中午的便當也絕對是三樣菜起跳。

季節轉換或冬季天冷必然有中藥燉補雞湯，有幾年還吃到鱉肉，或蒜頭清煮四腳魚，也就是青蛙。小孩陸續聯考那幾年，餐桌上面經常出現香菇雞翅豆腐燉豬腦，青春期還被逼著吃了好幾帖四物燉烏骨雞。

母親將廚房當成她的專業實驗室，做習慣了一家子豐沛的飯菜量，現今只要兒孫返家，可能是根深蒂固那種在外頭都吃不好、吃不飽的想法，一旦出手，就是十菜兩湯的規模。手路菜自然不在話下，要有魚有蝦有烏魚子有香腸，海鮮類既可清蒸乾煎又能清燙或糖醋，沾料非得蒜頭醬油不可，如果是燙花枝小卷或魷魚，那就要另外磨薑醋。炒米粉之外也要另外煮一鍋飯，如果有鍋清湯那也要另外搭配一鍋勾芡的羹，若是煮了麻油雞就要燙一把麵線……母親的邏輯就是煮飯的人一定要讓吃飯的人吃飽，那才是盡了料理人的責任。

即使只是多了我一個人返家的菜色也相當澎湃，都不好意思婉拒那些高熱量高膽固醇或「重鹹重油」，也許在母親心中，出外的孩子可能都吃不到像樣的菜色，全然遺忘了孩子已不是成長期那般代謝好、容易餓的青春肉體，而是來到必須顧慮體脂肪的年紀了啊！

母親就跟「芽以子」一樣，人生沒有太多深沉的奧義，吃飽是力氣，把家人餵飽是光榮的工作，不只要吃飽，還要好吃。她穿著白色長袖圍裙、站在廚房煮食了大半輩子的身影，最想聽到的讚美，應該跟「芽以子」一樣，僅僅是「多謝款待」，ごちそうさん，如此簡單的謝意，就足夠了。

炸肉油的午後

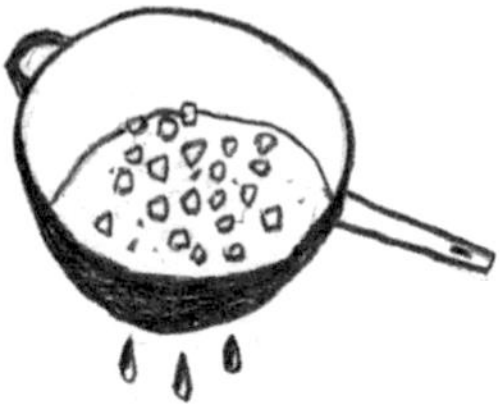

應該是小學時期的記憶，那時，還沒有便利超商也沒有生鮮超市，母親經常在午睡醒來，約莫三、四點，黃昏還未來臨前的那段時光，從房間出來，下樓，走入廚房，開爐火和抽油煙機，慢慢慢慢地，炸出一個大碗公份量的肉油。

切成塊狀的肥豬肉是東安市場熟識的肉販吩咐來的，三餐料理時段過於忙碌，可以耐心炸肉油的時間，就是午睡醒來的那個家事空檔。

鍋熱，緩緩滑入肉販預先切塊的白色滑溜豬油脂，蓋子蓋上，嗶嗶啵啵的聲音，好像一群舞者在鍋內跳著熱情森巴。

母親就坐在瓦斯爐旁邊的餐桌，一邊顧著鍋子，一邊讀報紙。偶爾起身開鍋，動一下鍋鏟，然後又蓋上，讓鍋子繼續跳著森巴，而她，重新坐下，讀報紙。

整個屋子被熱騰騰的油香佔據，很難形容那香氣，明知是油膩的，卻還滲出討喜的甜度，甜的感覺，好像什麼亮晶晶的泡泡，在空氣裡面蹦蹦跳跳。

也許母親會不斷注意爐火的大小與油的狀態，那是紮實的主婦功夫，不是當時我那淺薄的小孩功力得以窺知的細節。

大概不必半個鐘頭，總之，母親好像從那周邊的溫度與氣味，察覺到什麼時機，接收到什麼指令一般，突然就擱下報紙，站起來，找一個比平常吃麵的碗公還要深一些、寬一點的大碗公，慢慢把鍋內的熱油，一杓一杓，盛入碗內，最後鍋底會有一些「肉油粕仔」，小小塊，接近淺咖啡色，表層還會殘留一些油炸的小泡泡。母親十分謹慎處理那些肉油粕仔，稍不注意，就會焦掉，一旦焦掉，滋味就苦，那可不行。

油撈完了，再用一個粉色小花滾邊的吃飯瓷碗，把肉油粕仔裝起來，那吃飯碗就跟肉油的超大碗公，並肩站在黑灰磨石子的流理台上，納涼。

那一大碗公的肉油，很快就凝成雪白膏狀，好像浴室水龍頭旁邊的圓盒裝白雪洗面皂。倘若是冬天，則凝得更快，更堅固。

母親很愛吃肉油粕仔，一小塊一小塊，捏著吃，家裡養的小狗也超愛，猛搖尾巴，跳來跳去，約莫是聞到味道，早就守在門邊，撒嬌叫人，或抓門，完全瘋狂失控。母親會賞牠幾塊，或乾脆一隻狗一個主婦，你一口我一口，把一碗肉油粕仔吃光。

那肉油粕仔也可以拿來炒菜，或淋一些醬油，拿來拌飯。

肉油的大碗公，就擺在瓦斯爐邊，用一個小鍋蓋，蓋著，彷彿戴著鋼盔，捍衛著廚台的站哨衛兵。母親煎魚炒菜的時候，會用鍋鏟挖一小塊肉油，放入熱鍋內，輕輕攪拌，白色膏狀的肉油，逐漸化開，油花四濺，興奮蹦跳著，好像什麼魔法一樣。

有時候，母親也會拿一個玻璃空罐，叫我去東安市場口的柑仔店「搭油」，明明就是買油，但不知台語為何叫做「搭油」。後來推測，會不會是「打油」的意思，否則怎來打油詩？因為打油的途中太無聊，就做首詩來解悶？

我抱著玻璃罐，往東安戲院的方向，會經過一小段磚塊疊起來的石階，石階旁邊有個餿水桶，餿水桶的旁邊總是圍著好幾隻黑色野貓，眼神很尖銳，隨時都打算撲上來的備戰模式，嚇死我了。

從東安戲院下方，穿過午後安安靜靜、只剩下清運垃圾阿伯跟覓食老鼠的東安市場，偶爾也會繞去東安戲院售票口，看看當日放映的電影手繪看板，有時候看板師傅把林青霞跟秦漢畫得很醜，我猜想，應該是心情不好。

繞到東門路上的市場入口，柑仔店在中藥鋪對面，我高舉玻璃空罐，對著老闆說，

「搭土豆油」，老闆隨即接過玻璃罐，罐口放一個漏斗，然後用長長的金屬杓子，從大油桶裡面撈出土豆油，緩緩注入玻璃罐，罐子裝滿，付錢，交易完成。

土豆油很香，回家路上，我會用手指頭偷偷揩一些罐口溢出來的油，舔一舔，直到當晚洗澡之前，渾身好像都是土豆油的氣味。深刻知道，所謂的「揩油」，是多麼爽的事情。

肉油、土豆油之外，冬天則是向熟識的人「叫」麻油，起碼是半打的份量。所謂「熟識」的定義，亦即清楚知道什麼人拿了原料去什麼地方搾出多少份量的麻油，那當中有很珍貴的人情「交陪」。麻油用來煮麻油雞燒酒雞，偶爾還有麻油炒腰子，或做麻油雞酒油飯。

我們家開始吃大豆沙拉油，是很後來的事情，但沙拉油也不算廚房主流，母親還是習慣在午睡醒來，炸肉油，倒是肉油粕仔少吃了，偶爾捏幾塊，當零嘴。

這幾年土豆油不常吃，東安市場的柑仔店也歇業了，倒是麻油還是吩咐熟人叫貨，沙拉油幾乎不用，有幾年用葡萄籽油做菜，早上吃生菜沙拉則是拌橄欖油。

不怕麻煩，就有辦法閃掉怕麻煩而增加的風險，何況母親總說，炸肉油，一點都不難啊，半小時，喔，不用不用，20分鐘，就一大碗公了啊！

這應該就是主婦魂吧！

幫媽媽煮飯

煮飯，真的，純粹就是煮飯。量好一餐飯的杯米，內外鍋加入適當的水，按下開關，煮出熱騰騰的一鍋白米飯。

大約小學三年級開始，我偶爾要扛下這個任務。在母親午睡醒來，去美容院做頭髮，去大菜市剪布，去中正路總趕宮巷弄找阿咪裁縫師做衣服，或去東門城邊買拆船貨，類似這樣的午後，家裡的主婦出外娛樂喘息，「長女」要準備考私立初中，「長子」「次子」照例不用管廚房的事情，我這個「次女」就必須負責洗米煮飯，也就是，「把生米煮成熟飯」。

那時，還沒有電子鍋，家裡有個白色外殼的大同電鍋，但其實已經不是純白色了，有點焦黃的痕跡，不過電鍋在那時候算是高科技產物，相較於父母親剛結婚時，還用臨時搭建的小竈，靠柴火炊煮，電鍋已經算進步了。

因為電鍋沒有預約功能，通常要算準時間，如果是晚餐之前半個小時左右煮好的飯，有足夠時間悶出Q度和黏度，熟成的口感最好。一開始，母親在出門之前，會先洗好米，內外鍋放好水，我只要謹守時間，將電鍋前方那顆黑色方形按鍵往下押，就完成任務了。有過幾次玩得太過份，或在院子發呆，或躺在簷廊下的藤椅睡著了，根本不記得煮飯這件事情，直到母親回來，繫上圍裙，開始張羅晚餐菜色時，發現飯鍋還是冷的，立刻發飆罵人，那是晚餐最恐懼的惡夢，當時應該是被罵得很慘吧……我是說我，小學三年級左右的「次女」。

過一陣子，已經從按電鍋煮飯，進化為量米洗米的任務。米缸就在流理台的水槽下方，家裡有六個人，一餐固定煮三杯，洗米淘米該如何協調手掌的力氣，如何用指縫控制米的流向，簡直是門功夫。洗好米，再用量杯裝水，水面必須超過米的一個指節高度，外鍋再放一杯水，蓋上鍋蓋，插電，按下開關，行了。

我一個人，在黃昏的廚房，開著抽油煙機小小的燈光，安安靜靜，做一件餵飽家人的事情，安安靜靜，不容打擾，一旦分心，哪個環節出錯，煮出「青哥爛」的米飯，就慘了。

我很喜歡用食指探水面，精準測到水的份量漫過第一個關節處，想像自己是大人了，嫻熟廚房種種，類似台視的傅培梅老師一樣，僅僅是那樣的動作，都浮誇地自認為做了什麼了不起的事情。

幾年之後，廚房出現一個日本電子鍋，不曉得是爸媽去日本旅遊的時候帶回來的，還是日本舅舅返台送的禮物，似乎是虎牌又好像是象印，總之，那電子鍋有紅色花朵的外殼，已經不必在外鍋放水了。第一次用電子鍋煮飯，彷彿變什麼魔法一樣，大人說，電子鍋煮起來的飯好吃，小孩就跟著起鬨，大同電鍋默默退居二線，用來蒸魚熱菜，有點落寞。

我家幾乎以米飯為主食，晚餐一定要有飯有魚有肉有青菜有湯，張羅一餐，絕對不輕鬆。也因此預先知道父親必須吃應酬飯時，母親彷彿放了半天假，當然就出外購物或去洗頭做臉修指甲，那晚餐也就隨意了，吃外省麵或水餃。父親的應酬並不多，我們偶爾吃到麵食晚餐，就像日劇推出SP一樣特別。

那年代既沒有超市超商，也沒有小包裝米，只能「叫米」，米的份量以「斗」為單位，送米來的人，會用白色棉布袋，袋子口用棉布繩束緊，米袋扛在肩上，在來米或蓬萊米，當初我只知道這兩種米。

一開始住家也沒有電話，就靠母親走路去柑仔店叫米，後來家裡有電話，固定跟巷口一個阿桑叫米。阿桑很瘦弱，兩隻手臂像甘蔗一樣纖細，米袋沒辦法扛在肩膀上，都是雙手捧在胸前。送米來的時候，往往是接近黃昏準備洗米煮晚餐的時候，阿桑捧著白米，步履沉重，進門脱鞋之後，赤腳踩在磨石子地板，咚咚咚，都聽得出腳骨的負荷。她先把米缸裡面的「舊米」倒出來，裝在量杯裡，再把沉重的米袋捧起來，往下倒，唰唰唰，很壯觀的氣勢，彷彿那瞬間，用盡所有力氣，表演了什麼戲法一樣，最後再把那一個小小量杯的「舊米」，稍稍用力，豎在米缸的中央，完成整套儀式。

那送米的阿桑到了農曆年前，會奉上大同瓷盤當禮物，盤子邊緣，燒了一排紅色，某某米店敬贈。

這一生對於烹煮料理的養成，應該是從洗米煮飯開始的，有時候除了煮飯，還臨時被吩咐摘菜豆或把豆芽菜的鬚鬚一根一根拔掉，那過程多少因為無聊而有些抱怨，可是看著母親匆匆趕在黃昏暮色降下之前，頂著剛剛上完髮捲、噴完髮膠、彷彿邵氏明星的髮型，或提著阿咪裁縫師剛做好的新衣走進家門，隨即繫上圍裙，靠在水槽，扭開水龍頭用力洗手，那幾分鐘之間，猶如參加完舞會的仙杜瑞拉搭乘南瓜馬車返家，魔法結束了，柴米油鹽，一擁而上。

不過當時，我內心應該也是七上八下，不曉得那鍋飯，煮得如何。直到母親掀開飯鍋，用飯杓將米飯打鬆，說了，「煮得不錯」，也才安心下來……那應該是屬於次女的小小驕傲吧！

來吃粥吧！

我家吃粥的時間點，向來很固執，早年固定在星期日早晨吃粥，近幾年則是星期日晚上吃粥，平日多數吃乾飯，除非哪天剛好中午吃了豐盛油膩的宴客菜，或是端午節吃了整天粽子，想要解膩的時候，就煮一鍋粥。

大學離家之前，只要是上學的日子，母親就非得要我們把早餐吃飽不可。鮮奶、肉片、荷包蛋、烤土司……半夜溫書或清早起來背英文單字的哀怨情緒還未散去，即使坐在桌邊吃早餐，依然睡眼惺忪，老實說，食不知味，但是母親那號稱生物界最強悍的主婦魂，對於早餐要吃飽的堅持是無法撼動的。我經常在上學途中，行經東門地下道的爬坡路段，一邊奮力踩著單車往上爬，一邊忍受肚子裡的奶蛋土司翻攪，偶爾噴發出來的胃酸，再反芻又吞了回去，往往那天的晨考，就毀了，從第一題到最後一題，都處在嘔吐感的狀態下。

唯有星期日早晨，身心都在放鬆的幸福美好情境中，因為嗅到母親在樓下廚房煮白粥的米香而自然醒來，想像白粥在鍋裡滾燙出漂亮的透明泡泡，就會心甘情願起床刷牙，心甘情願被母親使喚，拿著大瓷盤，穿著拖鞋，穿過窄巷，到東門路上，等待那部搖著鈴鐺的醬菜車經過。

白粥，豆腐乳，竹仔枝，薑汁醬油冷豆腐，麵筋，花生，脆瓜，一塊日本鹹魚，或一片冬日的土魠魚，一碟肉鬆魚鬆或肉脯……

也許是假日的閒散使然，那樣的白粥早餐，吃起來特別舒爽。好想天天吃粥啊，母親卻斷然拒絕，主張吃粥容易餓，如果第二節課就餓了，剩下來兩節課，怎麼專心上課？

很難撼動的鐵律，即使費盡唇舌說服母親，也討不到平日早晨吃一餐白粥的恩惠。母親有所不知，不管早餐吃了什麼，照例到第二節下課都會餓，照例是聞到樓下蒸飯室的飯菜香味就無法專心，跟早餐吃什麼無關啊！

後來不知為何，變成星期日晚餐吃粥了。大概是父母親有了一幫假日爬山的朋友，傍晚4點多返家，精疲力竭，手腳痠痛，也不想花腦筋煮晚餐，有時候全家出去吃「外省麵」或吃羊肉湯配白飯，或根本就不想出外覓食，就煮一鍋粥，白粥或地瓜粥，我又被母親使喚，去巷口柑仔店買罐頭，花生麵筋、花瓜、菜心、筍絲，幾乎是吃粥的基本配備了。

母親喜歡用大鍋煮粥，而且是生米煮粥，什麼時候大火，什麼時候小火，煮到什麼程度熄火，蓋上鍋子悶，如何讓水分收乾，如何讓稀飯黏稠，米粒透亮，一旦失敗，整餐都碎碎唸。雖然在我吃來，根本沒差，光是那些鹹鹹的罐頭配菜搭上白粥，就已經滿足了，如果還能用筷子「削」一小塊豆腐乳，跟著白粥「滑」入嘴裡，齒頰之間，滲出一股微妙的甘甜唾液，那真是吃粥最昇華的口感了。

這當中也有不受約束的特例，腸胃不舒服、腹瀉或感冒胃口不佳的時候，母親會用單柄小湯鍋，挖一杓飯鍋裡的乾飯，滾水小火煮成黏稠的粥，黏稠的程度，好像不透明的白糨糊，也不配菜，就單吃白粥。也不是毫無滋味，畢竟那種時候，味覺都遲鈍了，唯有粥的甜度得以辨識，溫溫稠稠，一路從嘴裡滑到胃裡，總覺得那樣的清淡，頗有療效。

除了白粥、地瓜粥之外，母親還有一招絕活，「菜豆稀飯」，台語稱之為「菜豆丫糜」。

菜豆洗過，「絲」過～～把邊邊的硬絲從這一端拉到另一端，兩端的頭摘掉，再折成五公分長短，洗過，晾乾。起油鍋，先爆香紅蔥頭，再加入發泡切絲的乾香菇和蝦米，跟菜豆一起拌炒，以醬油調味，加水稍滾，然後移入大湯鍋，跟洗好的生米一起煮。大火滾過之後，熄火，照例要蓋上鍋蓋靜置，湯汁稍稍收一些，再把蓋子移開，米粒呈現淡淡的焦糖色澤，菜豆鬆軟，大概就具備八、九成的達成率了。

阿嬤生前很愛吃「菜豆ㄚ糜」，可能因為牙齒不好，吃這樣的鹹菜粥，最舒坦。癌末住院的那段日子，毫無食慾，某天突然跟病床旁的媳婦說，想吃「菜豆ㄚ糜」，母親立即騎腳踏車飛奔回家，煮了一大鍋，再用提鍋裝了一些，又騎腳踏車返回醫院，聽說，阿嬤把一碗稀飯吃光，好像滿足了生命的最後心願。

職場生活的那幾年間，多數早晨，也無暇自己準備早餐了，好一陣子，就倚賴辦公大樓之間的早餐車，有一對夫妻賣的廣東粥，不知為何，總吃不膩。廣東粥與台式白粥不同，台式白粥還看得到米粒，廣東粥則隱約有米粒存在的痕跡卻又神奇似的糊成濃稠奶狀，我尤其喜愛皮蛋瘦肉粥，外帶杯的表層，撒一些蔥花和薑絲，夾幾塊油條，到了辦公室，坐定位，掀開蓋子，用湯匙把薑絲蔥花和油條沒入粥的海底，緩緩攪拌，滋味特別好。

我自己煮食三餐，也有不知道吃什麼才好的時候，那就煮雜菜粥吧！碎肉、碎魚，高麗菜切絲，胡蘿蔔切細塊，芹菜切珠，或冰箱有什麼剩菜海鮮，一併在白米成粥的階段，一起下鍋，加些鹽巴或柴魚汁調味，完全任性的料理作為。

好吃的粥，不易煮，但真的要搞砸，也不容易。類似我母親那樣的專業主婦，很介意粥的黏稠，米的亮度，水分的收斂就是關鍵，可是我喜歡「稀」的潤澤口感，不過，對於外食的粥，若吃到太白粉偽裝成細心熬粥的黏稠，也是會暴怒的啊！

歡迎特別來賓……台式蛋包飯

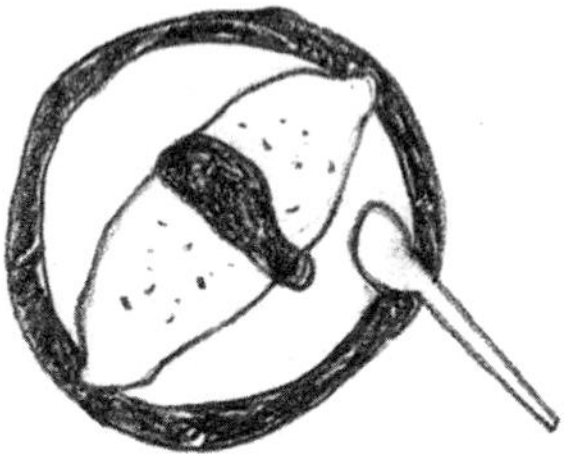

我家餐桌很早就出現「蛋包飯」這道料理，在那個「蔣總統萬萬歲」的年代，光是殺日本鬼子的題材就可以拍好幾部愛國電影的年頭，類似「蛋包飯」這款日式料理出現在餐桌上，其實很刺激。

「哇，是日本料理耶！」雖然不太確定，但第一次看到蛋包飯，以當時的小孩視野，必然有類似的讚嘆。

知道蛋包飯這道料理，應該是在台南東門城外，靠近東安戲院，約莫在目前東門路與長榮路的交叉口，忠泰文具店前方，有一個傍晚才會在路旁亮起電燈泡營業的攤子。那攤子的老闆是個理平頭、很像日本山口組老大、個性卻很爽朗熱情的中年壯男，老闆娘則是燙一頭時髦捲髮，頭髮染成葡萄紫紅色，喜歡穿豹紋緊身上衣，身材相當火辣的奇女子。

那攤子的主力應該是海鮮熱炒，也有生魚片和生啤酒，但是豹紋老闆娘最噴火的料理，卻是蛋包飯。單柄鐵鍋，炒起飯來，飯粒一顆一顆在空中翻滾，另起一鍋煎蛋皮，再用大圓杓扣一碗份量的炒飯在蛋皮中央，蛋皮周邊往內收攏，再用盤子倒扣在炒飯的小山丘上面，隨即用一手按住盤子，一手把鍋子翻轉過來，就是一份漂亮的蛋包飯。

小時候，我經常站在路邊看豹紋老闆娘表演快速料理蛋包飯的「實境秀」，想要在家吃蛋包飯，成為我們家小孩三番兩次向母親「注文」的請求。「注文」是日本時代留下來的台式外來語，有「點菜」「點餐」的意思，我們家用「注文」這個詞彙用得很頻繁，譬如童年辦家家酒遊戲，就裝模作樣問玩伴，「今天要注文什麼」，直到長大開始學日文，才知道日本人也用同樣的漢字，幾乎是同樣的意思。

跟蛋包飯一樣，番茄醬也是時髦的東西，認識番茄醬的契機是透過中正路王冠百貨頂樓遊藝場的熱狗牽線。熱狗裹一層厚厚的粉，油炸之後，插好竹籤，再淋上紅紅的番茄醬，應該是那個年頭的逛街必吃點心。後來家裡的冰箱也出現玻璃瓶裝的番茄醬，有一陣子，我甚至拿來抹土司吃。

這樣吧，如果沒辦法在家裡吃到蛋包飯，總可以是番茄醬炒飯吧，台語說那是「紅飯」，有隔夜剩飯的時候，那就先用「紅飯」來熱場吧，當作蛋包飯出現之前的 beta 版。

總之，母親應該也站在路邊觀賞過豹紋老闆娘的蛋包飯美技，後來，只要是父親提著皮箱到台北迪化街出差，可以不用張羅四菜或五菜一湯的時機，形同特別來賓身份的蛋包飯，就會翩然到來，變成娛樂小孩的餐桌嘉年華。

最好是隔夜飯，隔夜飯炒起來較Q彈。炒飯的配料是豬肉絲和蝦仁，炒到飯粒油亮光澤，再淋上番茄醬拌勻，整鍋飯就呈現漂亮誘人的粉紅色，這時，把飯盛出來，按個人食量分配好，接下來，就是把雞蛋打勻。大概一份蛋包飯要用掉一顆蛋，將蛋黃蛋白打到充分融合，還冒出泡泡，拿捏好一盤蛋包飯的蛋皮份量，倒入熱油鍋內，搖晃鍋子，散開成一張略大於盤子面積的圓，然後把分配好的飯，置於蛋皮中央，將蛋皮四周收攏，模仿路邊那位豹紋老闆娘的身手，一手按住倒扣的盤底，一手將鍋子翻轉，如此重複，直到一人一盤的蛋包飯部隊排在餐桌成一個圓，就大功告成了。

因為太貪戀番茄醬的酸甜滋味了，因此在蛋包飯的表層，又再塗抹薄薄一層番茄醬，好像進行什麼嚴肅的粉刷工程，非要均勻不可，拿著銀色湯匙，反覆塗抹，比洗臉還要認真。

銀色湯匙挖下第一口蛋包飯的瞬間，是幸福破表的頂點。

到了中學時期，只要中午便當出現蛋包飯，就會覺得那一整日都充滿驚喜，畢竟是特別來賓大駕光臨啊！

母親用不鏽鋼便當盒倒扣蛋包飯的功夫也相當厲害，便當盒一打開，飽滿的蛋皮，像一張俏皮的臉，臉皮還有稍許咖啡色不規則紋路，看起來，也像豹紋。

後來，陸續吃過傳統的日本蛋包飯，有更時髦的說法叫做歐姆蛋包飯，或淋上紅酒燴牛肉，也有咖哩口味，就連電視節目《料理東西軍》都進行過蛋包飯對決。也才發現，所謂蛋包飯的傳統主流，根本不是把蛋皮煎成焦黃薄皮，而是蛋汁入油鍋之後，快速攪拌，做成鬆鬆軟軟帶有水份的「蛋糰」，保留蛋汁的滑潤 juicy，也沒有倒扣盤子這道程序，而是把炒飯先盛在盤內，做好造型，再把鬆軟的「蛋糰」，直接從鍋子滑向炒飯堆，再用刀或叉，把那團鬆軟的蛋，從中間劃開，彷彿火山熔漿從山頂滑落，迅速將炒飯覆蓋起來，這過程，猶如魔法。

我和母親一起看過電視節目示範的蛋包飯「製程」，母親只是嘴邊「嘖」了一聲，沒什麼感想，就起身走開了，之後又繼續她的蛋包飯絕活，沒有意思要跟傳統主流妥協。

我自己嘗試用大炒鍋做蛋包飯，因為力道拿捏不好，總是在翻轉倒扣的階段卡關，不是翻不過去，就是灑了滿地，可見這功夫不簡單啊！後來也試過用平底鍋，但是倒扣不出漂亮的圓弧狀而作罷，最後終於想到一個替代方案，把煎過的蛋皮鋪在淺底的大碗，再將炒好的飯盛入碗內，找一個盤子倒扣，翻轉大碗，耶，大功告成。

母親成為阿嬤之後，只要孫子開口「注文」，還是會立刻變出好吃的蛋包飯，孫子甚至會特別要求蛋皮焦一點，而炒飯的配料也多了青豆仁、紅蘿蔔和玉米粒，升級為豪華版。母親的臂力還是很有水準，倒扣盤子的實境秀，成功率逼近百分百。

幾年前，我還在雜誌社上班的那段日子，發現信維市場有個熱炒攤子也賣蛋包飯，幾乎跟母親的作法一模一樣，也是走蛋皮焦黃的台式路線。有一次截稿期，整個編輯部竟然無異議達成共識，請工讀生妹妹去熱炒攤子外帶十幾份蛋包飯，可以想像老闆分批煎蛋皮、分批將蛋包飯倒扣進紙餐盒的揮汗模樣，大家開玩笑說，真是讓老闆吃盡苦頭的訂單啊！可是幾年之後，再路過信維市場，已經找不到昔日那個賣蛋包飯的攤子了，不曉得是歇業，還是搬家了。

我還是獨鍾家裡吃習慣的台式蛋包飯，但或許也不算是普遍的「台式」作法，而是母親的主婦魂堅持，因為是我們這輩子的蛋包飯啟蒙，沒得商量，不能妥協，畢竟，是特別來賓的身份啊！

代打上場的飯湯部隊

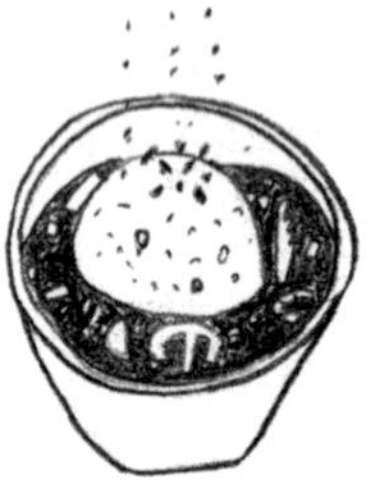

我家吃飯喝湯的餐桌規矩，經歷過幾次變革。早些年，都是一個人一把湯匙，想喝湯的時候，就舀一口來喝，等於是吃飯配湯，飯吃完了，湯也喝過了，完食，退下。

後來，台灣因為經歷一場B型肝炎風暴，當時應該還是蔣經國執政，開始推行所謂的「公筷母匙」，避免口水交流。家人也覺得，每個人把湯匙在湯裡面攪來攪去，實在不衛生，因此改成飯後喝湯。母親會在湯碗擺一根大湯杓，吃完飯，碗空了，再舀一碗湯來收尾。後來搬家，換了橢圓長桌，不再是有轉盤的圓桌，因此又經歷一次變革，演變成湯碗不上桌，而是整鍋湯放在爐邊備戰，吃完飯的人，離開餐桌舀湯。或有一陣子學外國人，先喝碗湯，再吃飯，總之，飯與湯分離，成為家裡的吃食規矩。

原本，飯跟湯，和平共處，不管最後是不是在肚子裡擁抱成一團，總之，飯與湯的「乾濕分離」，好像成為父母傳遞給小孩的戰術暗號，不得搖頭，也不得違逆。萬一把湯舀進飯裡面，攪一攪，變成「飯湯」，這行為彷彿故意看錯暗號，想要趁大人沒發現的時候，隨自己喜好揮棒，根本是冒險的行為。父母親好像有這樣的觀念，認為加了湯的飯，沒有經過細嚼慢嚥，就把飯粒隨湯滑入肚子裡，對胃不好。小孩又很愛挑戰大人的神經，免不了一場延續到飯後的碎碎唸，而且屢試不爽，對，大人真的很不爽。

我是個膽小鬼，很怕惹大人生氣，頂多最後偷偷在碗底留一口飯，再偷偷把飯粒藏在湯料的空隙裡，竊取一些飯湯的口感。

然而奇妙的是，母親偶爾會煮飯湯，譬如，筍子的季節，或是假日的午餐，或是不曉得該煮什麼的時候。那就把材料都煮成湯，然後每人找一個湯碗，類似小碗公那樣，到飯鍋添飯之後，再撈湯，用筷子將飯粒攪散，唏哩呼嚕，吃下肚。詭異的是，這種大鍋飯湯的場合，都沒聽過什麼斥責，全家和樂。

飯湯，一旦成為代打上場的角色，起碼都是外野深遠或直擊全壘打牆那種自由豪邁的氣勢，沒人可以阻擋。

也沒有什麼理想飯湯的固定食譜，如果是筍子的季節，就把筍子切絲，先跟蝦米香菇肉絲或再加上紅蔥頭爆香炒過，加水煮成湯，再加入切塊的虱目魚肚或小卷或魚丸對半切，湯底最好是醬油味，起鍋之前，加一些白胡椒粉，一些芹菜珠（芹菜切碎），這樣的飯湯，氣味好極了。

也有海產類大暴走形式的飯湯，蚵仔、虱目魚肚、小卷、蝦仁、帶殼的蛤蜊，如果不是筍子的季節，就用高麗菜切絲或絲瓜切片都可以。有時候我一個人，冰箱冷凍庫只剩下一碗隔夜飯，就把豬肉、鯛魚片、任何海鮮、青菜，全部切塊或切片或切絲，煮成飯湯，夏天放涼吃，冬天趁熱吃，照樣是一餐，而且很澎湃，飯湯的失敗率幾乎是零。

有一次到台南北門篤加村採訪，那天剛好是村子裡的老人共餐日，活動中心架起大鍋子，搬出快速爐，那附近有許多鹹水養殖的虱目魚，也有新鮮現剝的生蚵，加上各種海鮮，十幾個社區媽媽阿嬸們，分工洗洗切切，煮成大鍋湯。旁邊另有一大鍋飯，村裡的長輩們，一個人一個碗公，排隊盛飯舀湯，沒辦法出門的，就由社區志工親自送到家裡。我們這批文字攝影採訪者，吃完一碗公，再續一碗公，非常思念的味道啊！

小時候，台南東門城外的東安戲院還是兩片同映的時代，長榮路還未開通，從東門路蜿蜒通往戲院的那條小路，兩部車子會車都有點困難的寬度，戲院前方搭了遮雨棚，棚下散亂停放機車，機車陣的中間，有三間鐵皮搭起來的小攤，依稀記得，一間賣米粉羹，一間賣挫冰，一間是類似「飯桌仔」，可以吃到飯湯。經常看到好多建築工人裝扮的壯漢，坐在椅子上，或乾脆捧著碗公，圍成一圈蹲著，才一轉眼，就把整碗飯湯吃完。我沒吃過那裡的飯湯，但有聽說，那一鍋湯是類似宴客酒席包回來的菜尾湯，如果是那樣的菜色和滋味，做成飯湯，應該也不錯。

聽家裡的長輩說過，大概是戰前戰後那段時間，務農人家的婦女，會在早上10點前後，在家裡煮好整桶飯湯，提到田裡讓耕作的家人吃點心，畢竟早餐吃得早，或根本沒吃，就急著到田裡忙碌了，10點前後，大概等於小學的第二節下課，只是小學生訂鮮奶，田裡的耕作就吃飯湯，大概是那樣的用意。不過，我記憶裡的阿嬤餐桌，好像沒出現過飯湯，不曉得早年有沒有過阿嬤提著飯湯去田裡跟阿公相會的事情發生，如果真的有，那大概是老派的甜蜜浪漫吧！

後來知道日本人也有「お茶漬け」（茶泡飯）這種型式的宵夜，應酬回家的老公，滿身酒氣，可是肚子好像有點空虛，那就拜託老婆準備一碗茶泡飯，那應該也是一種小碗飯湯的概念吧！

總之，飯湯顛覆了我家嚴格的「吃飯不得泡湯」的鐵律，就好像打擊率很高的代打部隊，只要有機會上場，絕對不必拘泥於什麼戰術暗號，全力揮擊就對了。

天涼了，來吃麻油料理吧！

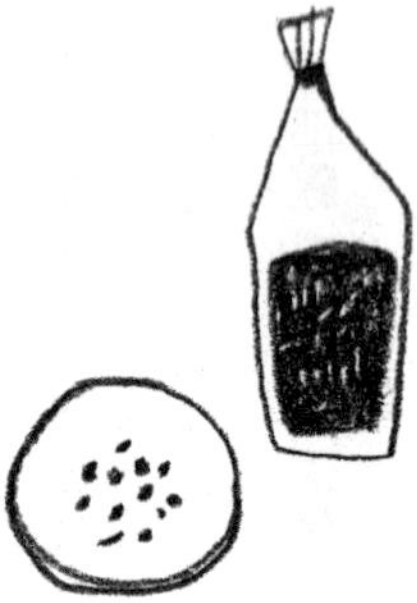

天氣開始轉涼的時候，身體就會自動傳遞一組訊息密碼到腦中樞，開啟意念，提醒自己，該吃麻油料理了。

想起昔日讀書的小學後門，還是鐵皮矮屋錯落的羊腸小徑，如果是端午前後，濕答答的雨天，空氣會瀰漫著水煮粽的香氣，路旁還有不知誰人吃完粽子，隨手丟棄的粽葉，粽葉被路人或腳踏車機車踩踏或碾過，壓得扁扁的，雨水濕潤，粽葉卻還留著糯米的油亮光澤。那附近還有龍眼樹，龍眼盛產的時候，掉落地面的龍眼照樣被路人或腳踏車機車碾過，爆開來，留著龍眼空殼殘骸，空氣中，照例又是龍眼的氣味。倘若天氣開始轉涼，那附近不曉得是不是有做麻油的小型工廠，上學放學，感覺自己好像浸泡在麻油的香氣裡，變成一道麻油料理。

那條上學放學的小路徑，後來經歷馬路擴建，跟隨四季節氣轉換登場的氣味，想必也消失了。但我還是沒有得到答案，那附近到底有沒有做麻油的工廠，或僅僅是小型的家庭工業也好，倘若真的有，大概也消失在大馬路的柏油路面了，沒有留下曾經存在的證據，只能靠回憶溫潤進補了。

但我家餐桌是不分四季，天冷天熱，都有麻油料理現身的可能。天熱的時候，冰冷湯水吃多了，皮膚會長水泡，母親總說那是身體濕氣太重，不必費心找醫生，靠食補就行，就用麻油煎荷包蛋，或用隔夜剩飯做麻油炒飯，作為濕氣療癒的配方。有時候單純只是撒嬌，想吃麻油荷包蛋跟麻油炒飯，就謊稱「身體潮濕」「快要長水泡了」，母親照例又叨唸幾句，「涼的吃太多啦」，隨即又彎腰取出廚台底下的玻璃罐裝麻油，煎一個蛋，或炒一碗飯。總之，夏日的麻油料理，多數帶著小孩的心機詭計。

印象中，家裡的麻油，都沒什麼品牌標示，幾乎都是紹興酒或米酒頭的玻璃罐子，好像是熟識的什麼人，拿了熟識農家栽培的芝麻，排隊去熟識的小型麻油工廠那裡搾出來的油，但或者也不算工廠，可能只是專業的搾油個體戶而已。總之，那些麻油呈現半透明的深琥珀色，不是普通大型賣店或大型油商做得出來的氣味跟濃醇，超神秘，特別有王者氣勢。

天涼之後，家裡的餐桌會出現第一鍋麻油雞。母親的作法是先將老薑用麻油「ㄅ一ˋㄚ」到深褐色，再把熱水燙過、洗淨的雞肉塊加入拌炒，炒到雞皮有點焦黃，隨即加入兩大罐米酒，蓋上鍋蓋，煮到整鍋沸騰之後，關掉抽油煙機，撕半張日曆紙，捲成長條狀，點火，將火靠近沸騰的鍋邊，火焰就沿著鍋邊蔓延開來，那燒到一半的日曆紙就丟進水槽裡，「ㄘ」一聲，冒出白煙。母親的俐落身手，好像魔術師。

鍋面的火焰消失之後，蓋上鍋蓋悶煮一段時間，試試雞肉的軟硬程度，就可熄火了。

若不吃過濃的酒味，那就酒量減半，也不點火，加熱水煮透，也行。

第一餐的麻油雞，總是吃得滿臉通紅，渾身暖呼呼，第二餐以後的麻油雞，較為濃稠，一餐熱過一餐，最後以麵線搭配收尾完食。

麻油雞另有升級版，加糯米煮成麻油雞飯。母親的作法是將糯米跟著雞肉一起在爆過老薑的麻油鍋裡先拌炒過，加了適量的水份，再移到大同電鍋裡面蒸煮，這樣的麻油雞飯吃起來Q彈入味。我自己試過幾次，第一次糯米飯過於軟爛，有點失敗，幾次嘗試下來，抓到糯米的個性，也就容易了。

料理方法說到底，就是經驗，食譜給個大概，當真要做出功夫菜，還是得靠自己。

一整個冬天，只要聽聞寒流低溫來襲，麻油雞料理就準備熱身上場。冬至前後，烏魚群來訪，依照慣例要買一整尾烏魚，切塊，先用麻油煎過，再用醬油青蒜調味，煮到湯汁稍稍收乾，一年就吃一次麻油烏魚，好像牛郎織女鵲橋相會之後，明年再見。

我自己也很喜歡用麻油做九層塔煎蛋，窗台自己種的九層塔，洗切之後，跟雞蛋一起打勻，用麻油煎到兩面「赤赤」，用鍋鏟簡單切片即可。自從買了做「玉子燒」的單柄方形小鍋之後，也嘗試做麻油九層塔玉子燒，台日友好的創意，造型和滋味都不錯。

母親也常做一道簡單豆腐料理，將板豆腐切塊，用麻油煎到外皮呈現金黃色澤，再淋上少許醬油，加一小撮薑絲，稍稍煮到入味，就行了。但這道料理不容易，一旦鍋子的熱度跟翻面的時機把握不好，豆腐容易脫皮破裂，步驟作法看似簡單，卻需要經驗功夫。

阿嬤也有一道私房料理，以麻油跟南薑做的鴨肉料理，鴨肉切成小小塊，不曉得是煨，還是用了什麼烹調手法，總之，大竈上面，一個黑黑的鍋子，柴火由阿嬤自己看管，小火悶著，鍋子就發出金屬的「摳摳摳」跳躍聲。似乎要花很長的烹煮時間，那鴨肉跟南薑都很入味，有迷人的麻油香氣，還有一股微辣的嚼感。後輩似乎沒有人學得這道私房菜，只剩下模糊的吃食記憶，總也是失傳，可惜了。

畢竟承襲了家裡的烹煮習慣，我自己也在瓦斯爐下方的櫃子裡，四季不間斷地庫存麻油，絕對不允許有斷貨的空窗期，畢竟，無法預測什麼時候突然想要吃點麻油做的料理。那是體感溫度的默契，有時候無關天氣，只要覺得體內似乎有點涼意濕氣，那就需要麻油入菜。這種無法預期的關鍵時刻，要是倉促採買，買了沒有人情連結的麻油來料理，會覺得不夠義氣，掃興。

遇到什麼材料都沒有的時候，光是水煮一小把麵線，用麻油、烏醋、醬油，做成乾拌麵線，也覺得好吃，有一種被體恤寵愛的溫暖，這是麻油無法取代的魔力。

天涼了耶，記得，來一道麻油料理，貯存過冬的電力啊！

最昂貴的便當

關於「五百元便當」的典故，如果不是在一定年齡以上的族群，大概不知其政治上的意涵，帶點嘲諷，還有點趣味。便當吃出了政治味，五百元變成高價便當的起跳門檻，突破五百元價碼的便當到底豪華到什麼程度？菜色如何？吃起來什麼滋味？真是微妙啊！

學生時期有一段時間，學校禁止我們用「便當」這個詞彙，而是用「飯盒」，因此值日生負責去蒸飯室抬便當的工作，就簡稱為「抬飯」。那個年代，學校不提供所謂的「營養午餐」，通常都是自己帶便當上學，如果住家距離學校很近，小學階段甚至可以步行回家吃午餐還兼看布袋戲，國中時期則是由母親親自送便當到學校，升上高中之後，因為路途有點遠，就要靠學校的蒸飯室了。

雖然「便當」是學校規定的禁語，可是同學與家人之間還是普遍用「便當」這兩個字。就好像講台語會被糾察隊記名字還會罰錢，但是偷偷講台語好像是種氣魄，講台語被抓，等同於得到一枚「勳章」，如果講台語還不被抓到，則是厲害的「狠角色」。

對於便當的外觀印象，必然是鐵製便當盒，圓形、方形或橢圓型，早期完全靠蓋子密合，後來有雙邊「耳朵」可以扣住，豪華一點的，則是有兩層，或進化到三層提鍋，一層放白飯，一層放配菜，一層放湯。

我的便當盒是有雙耳扣住的橢圓型，每學期開始，父親會用工具將舊的蒸飯牌解開，再把新飯牌扣上去。為了怕油膩，母親向來都會用報紙將便當包起來，束上橡皮筋，或是用大布巾包起來，上下左右各打兩個結，外面再用塑膠袋綁緊。便當菜色是當天烹調，絕對不會放在冰箱過夜，母親對這點，是很堅持的。

當時，一個班級大概都有五、六十名學生，跨縣市通學的人也帶便當，只有在學校附近租屋的同學才會吃福利社委外販售的「飯盒」。對於「抬飯」的值日生來說，不管是用竹蔞子還是大鐵盒，一人抬一邊，來回蒸飯室，非得小心翼翼不可，一旦打翻，那可就麻煩了。

母親對於便當菜色非常考究，要有菜、有魚、有肉、夠鹹，才能下飯，對，重點是下飯，而且要吃飽。因為有母親在廚房揮汗料理的心意，所以便當的價值難以估計。

離家讀書之後，為了省錢，就吃自助餐便當，兩樣菜，一碗飯，免錢的湯。撈湯技術好的人，撈起來的料，可以湊成第三樣菜。那時偶爾的奢侈，就是吃套餐，而所謂學生餐廳的套餐，最奢華的也只是排骨飯跟雞腿飯而已。

開始上班之後，每日中午的外送便當既是期待又是煩惱，便當從保麗龍容器升級到紙餐盒，排骨飯雞腿飯從40塊錢到 100 塊錢甚至破表。吃膩了就自己帶便當，公司按照規模大小員工多寡，有提供蒸飯箱也有微波爐或大同電鍋，但是隔夜的便當再蒸過，味道還是差一些。

不過，最討厭那種一邊吃便當一邊開會的事情，要是突然被主管點名回答問題的時候剛好雞腿咬到一半或排骨塞滿嘴巴，那真是尷尬！不懂這種煩惱的大老闆自己吃得津津有味，齒縫還夾了一條綠色菜屑，一臉正經要員工提出下個月的業績報告，雖然很好笑，卻要憋住不笑，那樣的便當會議好錯亂。

可是，一邊開會一邊吃便當，好像成為許多企業善用時間、強調「績效」的模式，開會原本就不是什麼愉快的事情，開會是用來解決問題的，如果要帶著不愉快的心情還要邊開會邊吃便當，對於胃腸，還是有點失禮。

可是老闆都好喜歡「便當會議」，可能知道員工都討厭開會，那就偶爾利用好吃或昂貴的便當作為誘餌，把員工拐進會議室，讓用餐時間也成為燃燒勞動力的加時延長賽。不過，也有領不到30K的小職員，倘若可以因為開會吃個豪華便當，節省一餐費用，就算再苦，也要忍耐，怕就怕老闆太小氣，只給一個三明治或小蛋糕，那就悲劇了。

我對高檔便當的印象，最早來自於台南城內日本料理老舖的「彩虹便當」，同學之間口耳相傳，在那個便當價格普遍在40元以下的年代，一個100元的彩虹便當簡直是天王級。而「彩虹便當」也絲毫不小氣，日本料理菜色的基本款都到位了。第一次吃到外帶彩虹便當大概是國中前後，對於高檔便當該有的規格與氣勢，大抵就那樣認定了，套一句現在的慣用語，CP值超高。

沒想到，政治人物吃什麼便當，便當多少錢，竟然變成政治上的一門學問，重點不是便當菜色，而是政治敏感的神經，便當不再是飽餐一頓這麼簡單的「概念」，而是很微妙的「身段」與「表態」，想來想去，還是小平民的便當才吃得爽快。

至於，什麼便當最昂貴？當然是小時候吃到母親的手作便當最昂貴了。無價！

歡迎回來，好兄弟們

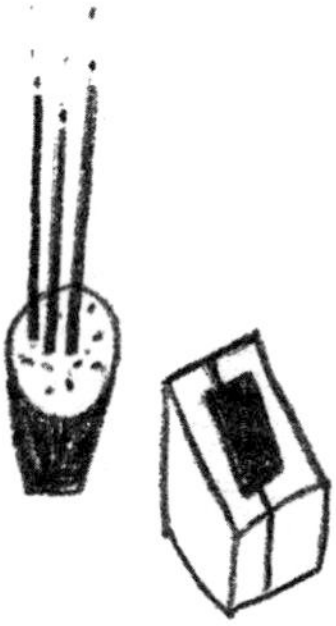

小時候，因為電影《目蓮救母》的影響，對於死後的世界總是充滿恐怖的遐想，尤其農曆七月，知道鬼門關一開，總幻想滿街都是鬼，飄來飄去的鬼。許多傳言累積起來就變成恐懼的總和，據說太陽下山就不能把衣服晾在外面，竹竿鬼會穿著衣服逃走；最好不要去海邊戲水，水鬼會來抓你的腳；光是聽到深夜的野貓叫春就嚇得半死，聽到野狗「嗁狗鑼」更是嚇到破膽。

偏偏七月最賣座的電影都是鬼片，最紅的鬼片導演是姚鳳磐，最紅的鬼后是王釧如，鬼月的電視戲劇最常播出的是林投姐，大家都怕得要死，卻又愛看，真是奇妙的一整個月。

直到中學一年級，學校牧師說，「我家的祖先是你家的鬼，你家的祖先是我家的鬼」，都是親人，有什麼好怕的。

恍然大悟啊，農曆七月才不是什麼鬼月呢，是祖先返鄉吃好料的日子，一年一次，期間限定，怎麼能不好好款待呢！

早年到了農曆七月，初一、十五、三十，總共要拜三次。俗稱「拜門口」，要將院子的大門打開，桌子朝外，前方要擺個小板凳，放臉盆清水和一條全新毛巾，畢竟招待好兄弟們飽餐一頓，遠道而來，風塵僕僕，進門總要備好清水毛巾讓他們洗臉洗手才夠誠意。「雞、魚、肉」三牲禮擺中間，最前列是一整排紅色小酒杯，小酒杯中央放一杯米，米的中央插三炷香。每道菜都必須是熟食，還要有一鍋飯，一碗湯，水果要洗過，零食是必要的，紙錢更不能省，每盤菜都要插一支香，插過香的食物就留下紅色印記。算準時間要適時補充第二支香，第二支香燒完，就開始燒紙錢，燒完紙錢要用一杯酒在金爐周圍畫一個圓，畫得越圓就表示好兄弟會保佑一整年圓滿。至於小板凳上的那盆清水，揉洗過毛巾之後，往外潑灑，拜拜儀式，就算完滿。

農曆七月，多數都在暑假的尾聲，因此對於七月拜拜的記憶特別鮮明。早年住居的巷弄，都是獨棟有圍牆有籬笆有院子的人家，除了基督教天主教的家庭之外，也就戶戶敞開大門拜拜。我們這些小孩，一早被母親使喚來使喚去，開始拜拜就要蹲在門口，負責拿掃把趕野狗野貓，一旦打混或打盹睡著了，野狗野貓會跑來喝臉盆裡面的清水，要是被大人發現了，可是不得了的事情，會被唸很久。

農曆七月，總是高溫，通常是正午過後開始拜拜，最遲不得拖過黃昏，再怎麼好吃的食物，在大太陽底下曬過，晚上再熱來吃，滋味減掉好幾分，但是大人總說，那是因為好兄弟們先品嚐過才如此。之後也開始拜泡麵罐頭零食飲料，多數也是因為自己愛吃，自作主張幫好兄弟們多準備一些。

開始工作之後，公司也會在農曆七月十五拜拜，拜拜的桌子就用會議室的長桌排成兩列，按部門數量準備三牲，照例是買仁愛圓環附近的知名滷味，一隻油雞、一條火腿肉和一隻完整的魷魚乾，外加數量驚人的滷味拼盤，還有量販店搬來的整箱零食泡麵和瓶裝飲料，如果是電腦部門，就要特別準備「乖乖」。各部門主管穿上西裝、列隊拿香拜拜的畫面相當壯觀，幾個老外主管尤其興奮，對紙錢的設計嘖嘖稱奇。

公司大樓的七月中元普渡最盛大的儀式，無非是各樓層各公司將金爐集中在大門口燒紙錢，七月十五前後幾日的空氣總有濃烈的焚燒味，過敏鼻的同事都喊苦。至於拜拜過後的三牲禮與食物零食飲料，交由各部門工讀生小妹以推車運送，推回部門之後，隨即展開恐怖的搶食大戰，能夠搶到雞腿的，爽度大概等同於抽到上上籤了。

感謝中學時期的牧師解惑，對於所謂的農曆七月，早就沒有「鬼月」的恐懼，取而代之的，是對於逝去親友的等待。

一年僅僅一個月，才得以重返世間，不管生前經歷過什麼樣的人生，可以回到熟悉的地方，好兄弟好姊妹好祖先們，或許想嚐嚐應景的芒果，吃一根時髦的霜淇淋，或想看一場電影，看完電影順便散步去吃碗拉麵，或去小攤叫碗米粉湯還要切盤滷菜。說不定也想聽一場演唱會，雖然，天堂的演唱會陣容好像也不賴。也許想搭一趟回家的公車，走在住家附近的巷弄，看著街燈的光影，熟悉的窗口……僅僅一個月，多麼倉促，再見面，又要等一年，如果回來還要被當成鬼，那有多寂寞。

愛過的人都好嗎？討厭的人還是過得很爽嗎？怨恨與遺憾都放下了嗎？就算去了

天堂，在那裡落腳，一年一度的人間旅行，總要穿著花襯衫或碎花洋裝，拉著行李箱飛一趟吧，這世間究竟比過往更美好，還是已經大崩壞了呢……

才不是鬼月呢，這是個充滿思念的月份，浪漫到讓人流淚啊！

那就不要客氣，各位親愛的好兄弟姊妹們，各位阿祖阿公阿嬤姑婆叔公們，吃好料的同時，也要保佑我們平安順遂，畢竟，你們都已經是天使了啊！

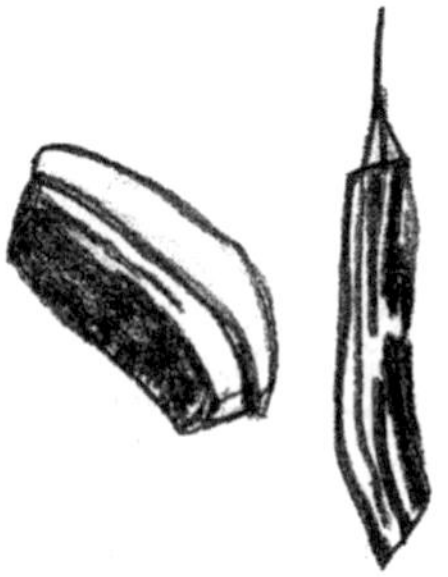

鹹肉……思念阿嬤的味道

思念阿嬤的時候，就會想要做這道鹹肉料理。

以料理重溫逝去的親人曾經在這世間共處的證據，説起來，也真的很微妙。

阿嬤生於民國前10年，推算起來，那時候台灣還在日本殖民時期，早於昭和與大正，算是明治年間的人。

阿嬤的名字很美，叫「王菊」，嫁給阿公「陳獅」，一溫柔一剛猛。

阿嬤少女時期到玉井做零工，某日被家裡叫回去，才知道媒人已經説定，要嫁人了。

直到結婚當晚，阿公與阿嬤才初次見面，後來當了一輩子夫妻。

阿公年輕時候，幫村子裡的「總舖師」跑腿當採購，阿公並不識字，總舖師口頭開出菜單與份量，阿公就強記在腦子裡，徒步從將軍鄉北埔村，走到學甲鎮的菜市場，採買之後，再徒步走回村裡。

於是家裡的採購與料理也分工，阿公負責買菜，阿嬤負責煮菜。換了位子，就不行，阿公不會煮菜，阿嬤也不會買菜。

戰時家裡很窮，美軍三不五時就來空襲，偶有拜拜的時候才去黑市賒來五花肉，湊足拜拜用的牲禮。

既然是黑市賒來的，就要留著慢慢吃，五花肉用鹽巴醃過，小火慢煎，把油脂緩緩逼出來，肉質變得紮實，很有嚼勁。

那副牲禮，一早先拜天公，再拜「公媽」，過午再拜「門口」好兄弟之後，鹹肉就擱進謝藍，吊在屋樑，據說可以保存很久。

有客人來的時候，切幾小片鹹肉，煮一大碗湯，客人喝剩的，小孩才有機會「唧」一小口，父親說，那滋味真是幸福美好。

戰後的日子好過些，已經不用跟黑市賒帳買肉了，可是每逢年節拜拜，阿嬤還是小火慢煎那三層肉，拜拜過後，切成薄片，孫子們徒手捏來當零嘴，好奢侈。

約莫到了冬天，除夕拜拜前後，就會特別想念鹹肉的滋味。

自己做了幾次，沒有阿嬤的手藝到味，也曾經用了蒜頭爆香，或添了胡椒或其他香料，味道都不對，最終，還是只有抹鹽巴乾煎，最接近阿嬤的味道。

阿嬤的個性溫和，有耐心，不躁進，慢火煎肉，把鹽味跟豬肉的甜味搭得恰到好處。

這鹹肉放涼之後，切成小片，配稀飯吃，或者跟兒時一樣，捏來當零嘴。

希望阿嬤在天上，一切安好。

與母親手作布丁的久別重逢

母親婚後就沒有出外工作了，自我出生以來，家裡的吃食大業就全部掌控在母親手裡。那個年頭，沒有叮咚作響的街角便利店，想吃零食，不是那麼容易，被母親允許的零食種類也有限，頂多抱著克寧奶粉空罐，裝著白米去「繃米香」，或是去柑仔店買五香乖乖或白雪公主泡泡糖與可口奶滋。住在高雄哈馬星的外婆來訪時，會送每個小孩一盒森永牛奶糖，除此之外的市售零食，大概都沒得商量。

但是，放學回家之後的點心倒是從來沒間斷過，夏天有粉圓仙草粉條粉粿芋頭紅豆綠豆杏仁豆腐等等調了糖汁、彩色繽紛一大鍋甜湯，冰在冷藏庫。或是台南人稱之為「ㄐ阿」的愛玉，擠一顆檸檬，淋上自己熬煮的糖汁，非常消暑。鳳梨盛產的時候，也可以喝到冰冰的鳳梨湯，偶爾也有蓮藕汁和冬瓜茶，冬天則是有菱角或水煮玉米和帶殼的花生。反正，母親在料理三餐之餘，這些甜食點心也是從廚房「開外掛」源源不絕變出花樣來，如果來不及準備，起碼還有黃昏路過的阿伯豆花跟大麥粥與臭豆腐可以出來客串撐場。

約莫在我小學五、六年級或國中一年級前後，確切時間已經不記得了，母親報名參加社區媽媽教室，有時候去練合唱，有時候去跳土風舞，最厲害的，是烹飪課，只要是烹飪課的隔天，餐桌就會出現新菜色，其中最夢幻的是各式甜點，甜點之中最稀奇的，則是布丁。

在那之前，從未吃過布丁，只有路過冰果室的時候，看到冰櫃裡面，彎彎曲曲結霜的白色管線底下，透明杯子布丁疊成金字塔狀，杯子下層是咖啡色焦糖，上層是淺黃色布丁，然我只是路過，如櫥窗瀏覽那樣，跟布丁匆匆會面，並沒有機會親口嚐嚐味道。最早的挫冰啟蒙是台南青年路與勝利路口的「東海園」，那時只吃四種蜜餞的四果冰，還未有布丁出現，布丁是時髦產物，想必也很昂貴，我保持著路過的姿態望著布丁，猶如路過學校對面的鞋店，每日盯著紅格子布鞋，直到那布鞋被買走，類似那樣的心情。

也就因為那種想吃卻不敢開口要求的小孩膽怯心境，知道母親在媽媽教室烹飪課學了布丁，形容她在課堂上，試吃的滋味與口感之後，應該是每天纏著母親，跟在她身後問，什麼時候做布丁啊……但母親說，布丁模具還沒買啊……那還不快點買啊……那時我一定跟櫻桃小丸子一樣，發了一頓讓大人討厭的小孩脾氣吧！

某一天，放學回家，母親說，布丁在冰箱裡……

就這樣，事前沒有預告，完全沒有跡象可循，毫無心理準備，那朝思暮想的布丁，

（（（（竟然就在冰箱裡面））））

打開冰箱，看見好幾個白鐵模具，布丁的嫩黃小臉探出頭來，規矩排列在圓形拖盤裡。日本和風漆器拖盤和歐式風格布丁，竟然就這樣毫無違和感，勾肩搭背坐在舒爽的冰箱裡面，彷彿還蹺腿，開心地，揮手招呼，「嗨，來吃我吧！」

母親用小湯杓柄，在布丁模具裡側邊緣畫一圈，放在淺盤子上面輕輕倒扣，布丁就滑了出來，焦糖看起來晶晶亮亮，好像小紳士戴了一頂咖啡色呢帽。

人生第一口布丁的滋味，微妙的幸福感，紮實的雞蛋與牛奶和香草與焦糖的擁抱翻滾，那感覺真的很像迪士尼卡通片頭的煙火直接衝上城堡天空，迸出美麗煙花，一樣燦爛啊！

母親的手作布丁延續了一段日子，不曉得從什麼時候開始，母親不再做布丁了，布丁模具也不曉得藏到哪裡去，偶爾在請客的宴席上面吃過碗公大小的布丁，用湯匙挖一塊放在碗裡，顏色很鮮豔，味道雖不錯，但是香甜有點矯情。往後我買市售布丁，都吃不出母親手作布丁的味道。布丁的取得很便利，可是布丁的成分標示卻充滿化學課的理解障礙，我不喜歡那種橘黃色布丁，覺得那樣的色澤太超過了。

終於，在《鬼太郎的餐桌》這本書裡，看到「鬼太郎」作者「水木茂」的妻子「布枝」的食譜當中，有一道布丁的作法，書內還出現她慣用的布丁模具，剎那間，記憶拉住時間的河，拚命往回跑，彷彿看到那幾年母親在廚房揮汗用大鍋蒸烤布丁的身影。

決定了，我要努力找回母親手作布丁的味道。

在超市買到香草莢，按照網路查到的香草糖漿作法，先將香草莢稍微烤過，用小湯匙刮出香草籽，跟著少許檸檬皮和香草莢一起加水和砂糖煮過，再用殘留少許日本梅酒的罐子裝起來，放入冰箱，偶爾拿出來搖晃一下。

試做過幾次焦糖，但自己不嗜甜，後來就不熬焦糖了，全心全意專注在香草口味布丁，沒有戴咖啡色呢帽的布丁小紳士，還是很可愛。

兩顆雞蛋打勻，過篩，去掉泡泡；小盒裝鮮奶加熱微溫，加適量砂糖或黑糖，輕輕攪拌，糖粒充分融化之後熄火，將蛋液緩緩加入牛奶中，再加一小湯匙香草糖漿，攪拌均勻之後，裝入玻璃容器中，大約是四杯的份量。烤盤加水，放上布丁，150度，烤30分鐘左右，放涼之後，移入冰箱冷藏。

終於跟母親的手作布丁久別重逢了，關於各種味道的啟蒙，果然一輩子都無法輕易妥協，就是這種從舌尖到喉間的純粹啊，當然還有記憶的芳甜，尤其是自己尋回來的味道，就顯得特別有情有義了。

老派飲料的人情記憶

對於冷飲的選擇，我應該算是老派的人。

母親是專職主婦，在我成長的家庭環境裡面，所謂的「飲料」，就是白開水，然後再以白開水為基礎圓心，往外擴散成白開水家族的「加料水」，以大岡山蜂蜜稀釋調成「蜜茶」，或是再加上檸檬，調成蜂蜜檸檬汁，這樣就已經很滿足了。

大約在我讀幼稚園大班的前後，冰箱門的架上，出現一罐咖啡色玻璃瓶，類似米酒罐，可是玻璃瓶身被白底淺藍斑點的不透水包裝紙，包紮成神秘的身型，必須徵得母親的許可，我們才可以動用這個神秘罐子。

許多午睡醒來的夏日午後，我乖乖坐在餐桌旁等待，看著母親用透明玻璃杯盛了八分滿的冷開水，再倒一小湯匙左右的玻璃罐濃縮白色液體，從冷凍庫抓兩顆冰塊，用一根筷子攪拌攪拌，冰塊碰撞玻璃杯發出爽脆的清涼聲響，整杯水變成白霧狀的汁液。我接過冰涼且冒著水珠的玻璃杯，好像得到乖乖午睡的獎品一樣，酸甜比例恰到好處，喝完之後，舌根會出現奇特的口感，彷彿什麼濃稠的唾液在那裡回甘，跳著開心的舞。

那罐神秘的白色濃縮液，應該是母親逛「委託行」發現的，後來才知道那是日本進口的「可爾必斯」，乳酸飲料的一種。因為是委託行買來的舶來品，相當稀奇，盡量省著喝，盡量想辦法稀釋，即使只有微甜微酸的程度，都還覺得美味到不行。

母親還會到柑仔店買整塊的「冬瓜露」，類似南僑水晶肥皂那樣大小，用大口鍋子煮水，投入冬瓜露，冬瓜露就像變魔法一樣，越來越小、越來越小，直到完全不見，那鍋水，就變成冬瓜茶，連糖都不用加。冬瓜茶冰過之後，尤其美味，有股質樸的清甜。我在台南讀勝利國小的時候，學校有位送牛奶的阿伯，也兼賣冬瓜茶，那時沒有外帶塑膠杯，都是用透明塑膠袋裝成一袋一袋，插一根吸管，再用紅色橡皮筋束起來，拿著塑膠袋裝的冬瓜茶在校園晃來晃去，成為小學時期相當鮮明的記憶。

母親偶爾也會煮蓮藕茶，或不小心買到過酸的鳳梨，就加糖煮成鳳梨湯。總之，家裡的夏日冷飲名冊，大概就是白開水、冬瓜茶、蓮藕茶、鳳梨湯、可爾必斯跟後來由養樂多媽媽騎腳踏車送來的養樂多。至於碳酸氣泡飲料，也只有喝喜酒的時候才被允許喝幾口黑松汽水或榮冠可樂，至於果汁類，則是七月拜拜的時候買來相添的津津蘆筍汁。

第一次喝到「茶」，應該是在高雄哈馬星的舅舅家，舅舅是眼科醫生，狹長的街屋格局，前面是診所，後面是住家，舅媽通常會在客廳桌上準備一個木頭茶盤，茶盤上面放一個茶壺搭配四到六個同款花色的瓷杯，茶壺裡面是「茶心茶」。當時約略知道「茶心」的形狀，不清楚究竟是烏龍、香片還是鐵觀音，外婆或姨嬤這些日本時代出生的人，也不說「茶葉」或「茶米」，而是「茶心」，外婆會讓我啷一小口，嚐嚐味道，很奇妙的「大人滋味」，說不出來到底是苦或澀，但是那苦與澀搭配起來，又有深邃的留香在齒頰之間徘徊，往後才曉得，那種徘徊在齒頰的餘韻，叫做回甘。每次回哈馬星，就渴望喝到「大人的茶心茶」，不過那雕花瓷壺偶爾會出現「麥仔茶」，當時對「茶心茶」與「麥仔茶」總有幾分大人成熟味的憧憬。

開始上小學之後，口袋偶爾會有幾個銅板，會跟同學去東門城邊的小攤子喝紅茶或甘蔗汁，那攤子旁邊經常堆著整捆甘蔗，有一台榨汁機器，榨過的甘蔗渣扁扁平平，可見那機器威力多強。我跟同學常常站在攤子前面盯著機器運轉，很怕老闆不小心把手掌伸進去，那時應該覺得驚心動魄吧，所以買紅茶的機率又大過甘蔗汁。

如果有機會去博愛路，必然會去「大家文具店」買寫字簿跟玉兔原子筆，也會去「南一書局」挑選參考書，最後都要過馬路到對面騎樓喝楊桃汁。長大之後，博愛路更名為北門路，楊桃汁還在，夠久了，但也沒辦法率性自稱老店，因為在台南，沒有一百年，大概也不敢自稱老店吧！

到台北讀書之後，輾轉在淡水與永康街之間遷徙，永康街還是一條靜謐的住宅區，永康公園轉角處，有個賣青草茶和苦茶的攤子，兩個類似水缸的黑色大甕，每當考試熬夜，火氣大，就會揪同學去喝苦茶，然後玩笑打賭，誰可以一口氣喝完且面不改色，就算贏了，那苦味直沖五臟六腑，喝到心跳加速啊，不知道在逞強什麼。

時代不同了，街頭巷尾各式手搖茶飲連鎖店，價錢其實不便宜，花樣眾多，少冰去冰全糖半糖，琳瑯滿目。超商的罐裝飲料也是目不暇給，不但有第二罐半價還有兩罐拉霸抽選折扣的福利。所謂的飲料除了甜味跟人工添加香料之外，強調去油的、補充纖維或維他命C的，甚至強調一日蔬果，或是補充了益生菌卻吞下超量的糖份與熱量的……每次食安爆出大問題，多少還是被掃到。

我內心的老派飲料魂，還是有些堅持沒法妥協，尤其是熟悉的街邊，那些守住古老傳統的老店，不管是甘蔗汁、綠豆汁、楊桃汁、青草苦茶、冬瓜茶、紅茶還是蓮藕茶，老闆老闆娘都是頑固達人，因為是整桶冰鎮，所以沒有去冰少冰這種規矩，甜度都是按照經驗調配出來的黃金比例，沒得少糖或半糖的選擇，頂多像台南城內總趕宮巷內的「雙全紅茶」問你要不要「重鹹」；或裕農路甘蔗汁兼賣紅茶的老闆娘只問你單喝紅茶還是配鮮奶，再考慮給你濃或淡；至於在裕豐街賣綠豆湯綠豆汁的老闆，連綠豆湯添加的「粉角」都堅持採購品質好的蕃薯粉親手作，每天穿著西裝褲跟白襯衫顧店，綠豆有微微的大鍋焦味……類似這些老派飲料，賣的不是連鎖店的快速時髦，而是不怕麻煩、堅持手作的人情味。

我仍然喜歡喝白開水解渴；向信任的茶農購買茶葉，自己沖泡「茶心茶」，品嚐苦澀合宜的回甘，而不是添加了很多糖的手搖茶飲；我習慣自己在家打果汁、擠檸檬汁、做蜜茶，偶爾稀釋一杯可爾必斯來重溫舊夢。我喜歡台南小街弄的老店家，把甘蔗汁、冬瓜茶、紅茶、蓮藕茶、楊桃汁、綠豆汁跟青草苦茶當成人生事業經營，看到他們霜白的鬢角，或二代目老闆都接手了，仍然揮汗顧著騎樓的幾口大鍋，就會決定相挺下去，畢竟從童年喝到熟年，已然是交情了。

二、台南的味道

肉燥飯與飯桌仔

北上讀書那年，台北車站尚未地下化，淡水線還在第五或第六月台，後火車站仍有人工驗票，一走出去，就是後圓環小吃的人聲鼎沸，遊子的鄉愁，瞬間湧上來。

也許曾經在後圓環吃過滷肉飯或鹹粥，但確切的記憶早就模糊到類似ＳＤ記憶卡 reset 好幾次，何況那地方剷平翻修，蓋了裝模作樣的新建築之後，其實已經算是去了來生，沒有這輩子的風華了。

滷肉飯在我成長的故鄉，稱為肉燥飯。滷肉飯與肉燥飯，因為南北說法不同，變成有趣的對照組，就好像當年在女生宿舍跟北部同學說香皂叫「雪文」，她們皺眉疑惑彷彿我說的是什麼外國語。

滷肉飯也好，肉燥飯也是，在定義上，都算是飽餐一頓的紮實料理，吃得飽，撐得久，比起白飯，好像還多了點豬肉脂肪與鹹度香味的小小恩惠。但是滷肉飯的肉塊較大，約莫半個指節大小，看得到肥瘦比例和界線；肉燥飯的肉切得更細碎，幾乎與飯粒等身尺寸，互相依偎，進階一點，還可以拌少許魚鬆，或添上一片黃色醃漬菜頭。家裡長輩說那黃色醃漬菜頭叫做「Ta-Ku-An」，查了日文辭典，才知道那是「沢庵漬け」（たくあんづけ）的簡稱，沢庵宗彭是江戶時期臨濟宗的一位和尚，發明了醃漬保存大根（白蘿蔔／菜頭）的方法，以此為命名。知道這典故之後，覺得黃色醃漬菜頭，好有氣質。

在自助餐出現之前，「飯桌仔」算外食主流，即使到現在，有些傳統的飯桌仔仍舊是供應廣大勞動階層溫飽的餐桌，類似平民食堂那樣存在著。飯桌仔的特色是不給大餐盤，而是用小碟小盤分裝不同菜色，一個人一碗飯兼兩碟菜或清湯一碗，大圓桌角落，以小碟圍成一堵牆，各自的人生，各自的一餐；或一桌幾個小碟眾人分食，一家人，或剛好做同樣的工，同一個雇主。小碟子的用意是讓餐桌看起來很澎湃，光是洗碗的費工與心意，就夠溫暖了。

若在南部飯桌仔點「滷肉飯」，端上桌的或許是類似北部的控肉飯，但肉的體積又比控肉要小一些且厚一點，滷肉過了濁水溪以南，真的是一整塊肉，如此，也算幽默。

在飯桌仔吃白飯，老闆會問，要不要淋一湯匙鹹的魚湯或肉汁，俗稱「攪鹹」。這一湯匙鹹，是交情，很難計價，所以免錢，但是白飯淋上肉燥，成為「肉燥飯」，就要加錢了。某些傳統「飯桌仔」的肉燥鍋是不清洗的，肉燥鍋內還有「豆干炸」也就是油豆腐，也有滷到黑晶透亮的滷蛋和滷丸，在肉燥滷汁鍋裡緩緩入味如同泡在大眾湯的溫泉浴池，還不時冒出頭來。

飯桌仔有時候從清早營業到午後，有時候黃昏才出來擺桌，過了宵夜時段才打烊。飯桌仔不比餐館，可是論便宜吃粗飽，飯桌仔又有相挺的義氣。

我家很少外食，偶有停水的日子，沒辦法開伙，母親才會從菜櫥抽屜拿出皮包，發號施令，「走，來去呷飯桌仔」。我們一家六口人，佔一張小方桌，通常叫一碟青菜、一碟筍絲、一碟「豆干炸」或冷豆腐、一尾鹽煮吳郭魚或乾煎白帶魚、偶爾也有滷虱目魚頭或菜脯蛋。

奇妙的是，外頭賣的叫肉燥，家裡做的卻叫「肉豉仔」（bah-sīnn-á），但我家的肉豉仔明明就沒有加黑豆豉，作法類似飯桌仔的肉燥，卻不叫肉燥，簡直是懸案。母親做的肉豉仔是長年不中斷的居家必備菜色，「呷飯攪肉豉仔」在收入小康的家庭餐桌上，彷彿開了外掛，白飯可以多吃一碗。

有時候家裡突然來了客人，母親會吩咐我到「飯桌仔」買肉燥飯和幾樣菜來相添。我剛放學，還穿著學校制服，匆忙套上拖鞋，又返身走回放學的路，看著街燈亮起，飯桌仔也亮起鵝黃色燈泡，燈泡下方還有甩來甩去的驅趕蒼蠅小蟲的塑膠繩螺旋槳。一些剛下工的阿伯們，一碗肉燥飯，幾碟菜，配一杯保力達B加米酒，看起來很疲累，面容有人生拚鬥的風霜，連那蹺腳的身影都充滿故事。

後來北上讀書，學校附近多的是自助餐，當時盛行保麗龍餐盤，少了飯桌仔的小碟小盤人情。山下的夜市小攤沒有肉燥飯只有滷肉飯，那時反倒開始思念家裡餐桌那一鍋肉豉仔。

可貴的，其實是做吃食生意的那份主顧相挺的心意吧，若要勉強以吃了幾碗滷肉飯來認證庶民的身份，好像就刻意了。

沒別的意思，只是突然想起故鄉的肉燥飯，和古老的飯桌仔。

● 魚丸湯原來是鄉愁

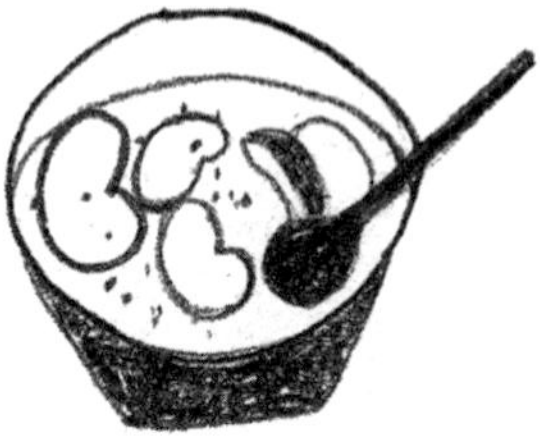

一直都以為，魚丸就該長成這樣子，類似菱角，肥滿且左右往上翹的角度必須呈現完美平衡的俏皮模樣；或說是元寶，小時候看古裝劇，有錢的員外從袖子就可以掏出來的……元寶。

菜市場賣魚丸的攤子，或路邊小吃攤的魚丸湯，一概都是這種形狀的魚丸模樣，偶有圓球形狀，類似小光頭，也是勢力單薄隱在元寶或菱角魚丸大隊的身旁，畏畏縮縮伸出光溜溜腦袋瓜子，不敢張揚。

不管是賣米糕的、賣碗粿的、賣肉燥飯的，搭配選項的湯品主流，就是魚丸湯。湯底雖是大骨熬煮，但湯色清透，一般都是六顆魚丸，撒上芹菜珠或韭菜花，講究一點的，還有油條。

芹菜珠與韮菜花，切得細細的，彷彿池塘青色的浮萍，把魚丸和魚丸之間的水平面都填滿了。客人點餐了，老闆才會用大湯杓舀魚丸湯入碗，再用手捏一小撮生的芹菜珠或韮菜花，撒在熱湯裡，那滋味特別好，有點生，有點熟，生熟的比例恰好，那湯的清甜就很迷人。

喜歡芹菜珠或堅持韮菜花的店家都有，我的記憶裡，小碗魚丸湯從五塊錢、十塊錢到現在普遍二十五塊錢一碗，但菱角或元寶狀的魚丸仍然是台南魚丸湯的主流，怎麼看，都覺得討喜，可愛，吉祥。

小時候，大約在我說話發音還處在「臭奶呆」的階段，就懂得指名要吃「翹翹的魚丸」，而母親經常料理的魚丸湯，則是加了茼蒿菜，湯底是醬油味，湯汁呈現琥珀色，魚丸搭茼蒿菜，滋味出奇好。小學一、二年級，家住光華女中後方的巷內，瓦屋頂小平房籬笆牆。某晚，母親正在廚房煮晚餐，突然停電，夜間部上課的光華女中校舍傳來尖叫聲，正在煮魚丸湯的母親也大叫一聲，原來，倒醬油的時候，醬油蓋子不翼而飛。那天的晚餐，點著蠟燭，家人一邊吃飯，一邊講鬼故事，不曉得誰喝湯的時候，也大叫一聲，從嘴裡吐出一個醬油瓶的蓋子。

北上唸書之後，在淡水渡船頭吃到的魚丸湯，粗壯的圓桶形狀，裡面還包了鹹鹹的肉燥，太讓人驚訝了。可是我喜歡的魚丸，像菱角或元寶那樣的魚丸，在台北幾乎未曾相遇，台北的魚丸都是小光頭造型，或好大一顆，鬆軟，或包肉餡香菇，不管是口感或滋味與形狀，都跟台南魚丸不同。

所以，菱角或元寶形狀的魚丸，過不了濁水溪嗎？

我在台北菜市場遍尋不著家鄉的魚丸，跟店家形容，「像菱角啊！」「像菱角的魚丸？」「對啊，像金元寶一樣！」「像金元寶的魚丸？」店家一臉疑惑，我說的，彷彿外國語言。

於是我回到台南，也站在菜市場的攤子前，好像轉述什麼重要的情報似的，告訴賣魚丸的阿桑，「台北，沒有這種魚丸，像菱角或元寶一樣的魚丸……」阿桑睜大眼睛，「真的嗎？沒有這種魚丸？那有什麼魚丸？」我說，「像小光頭一樣的魚丸，或大圓桶那樣，裡面還包了肉燥。」

這幾年，只要搭高鐵轉乘接駁車回到台南，必然要先拖著行李到東門路大榕樹旁邊吃碗粿配一碗魚丸湯。父親說，古早時代，東門城往仁德方向，只要過了大榕樹，就是壟起如山丘的上坡路，大榕樹儼然是個重要路標，過了大榕樹，人煙稀少，當真是城外的城外了。

在大榕樹底下，喝一碗六粒配備的菱角或元寶形狀的魚丸湯，作為回鄉的第一道味覺洗禮，彷彿大喊一聲「轉來啦」……到了兩角翹翹的魚丸國度了。

● 台南米糕 絕不妥協的風骨

我討厭吃軟爛的米糕，尤其淋了紅色甜辣醬的米糕，對我來說，那是忤逆了體內的「台南米糕魂」。

米糕必須保留糯米的Q彈口感，水分一旦過多，米糕就失去魂魄，毫無筋骨可言，即使是糯米做成的麻糬，雖軟嫩，但也有一定的Q度，這是糯米的風骨吧，必須給予尊重。

台南米糕應該有兩大門派，其中一派是準備一大鍋蒸好的白糯米，完全不調味，白棉布包裹在蒸鍋裡保持溫度，客人點餐之後，再用傳統竹製杓器挖取適量，在碗內挑鬆，淋上滷肉汁，加上自家製魚鬆，水煮過的花生，切成薄片的醃漬小黃瓜或菜頭。滷肉大約半個指節大小，肥瘦均勻，油花漂亮，跟糯米一起入口，軟硬Q度協調彷彿跳雙人探戈。米糕碗必須是淺淺的寬口瓷碗，碗緣滾一圈粉色小花，是大同瓷器的經典款，台南點心擔的最愛。

從糯米到配料到瓷碗，活脱脱的藝術品，整碗拌勻，或各自以糯米滷汁分別跟魚鬆、花生、小黃瓜或菜頭片入口，糯米的Q彈成為米糕料理必然的倔強性格。每次我吃台南米糕，都有向這道料理致敬的心意，畢竟小小一碗，費工費時，願意為米糕奉獻一生、甚至傳好幾代的店家，在府城古都，都是值得尊敬的藝術工匠。

另一派別則是筒仔米糕，現在較少見。我讀初中時，晚上補習下課之後，會散步到東門城邊，叫一碗筒仔米糕，搭一碗魚丸湯，配一顆滷丸，當作遲來的晚餐。筒仔米糕是將花生、滷肉等配料跟糯米一起填裝進陶製的「筒仔」容器裡，彷彿小盆栽一樣，整齊擺進大蒸箱。客人點餐之後，老闆徒手入蒸箱，將「筒仔」取出，小湯匙柄在筒仔內側畫一圈，再將筒仔倒扣在小瓷碗，原本在筒仔容器底部的滷肉花生配料，因為倒扣的關係，反而置頂，墊底的糯米，有淺淺的滷汁色澤，米糕成為可愛討喜的杯子形狀，吃的時候，就用叉子或竹籤，切成小塊入口。

滷丸是很妙的米糕好友，類似海綿寶寶的好朋友派大星，因為浸泡在滷汁裡面，吸收了滷汁精華，渾身濕透了，滋味特別好。這滷丸在台南以米糕絕配的地位存在著，有時候在某些點心飯桌，也跟肉燥滷汁鍋裡的三角油豆腐和滷蛋一起「混浴」，吃飯吃點心加顆滷丸，好像是給自己打氣的小小恩寵。

對台南吃食還保有老派固執的人，都認為筒仔米糕必然要用那種深褐色的陶製容器下去蒸煮才行，後來也看到白鐵材質或類似什麼耐熱塑膠之類的容器，感覺是新科技企圖取代舊容器的小聰明，無論如何，都覺得不應該。

近年才有使用紙餐盒外帶米糕的選擇，早年可都是用粽葉包起來，將香氣鎖在粽葉裡，至今仍有些老攤子會因應老客人要求將米糕以粽葉包裹外帶，這是熟客才知道的規矩與默契。

有一回，受邀到廣播節目談到台南小吃，沒想到以美食家自詡的主持人竟然說，「米糕不過就是另一種型態的肉燥飯」，當時即使火冒三丈，也只能壓抑住起身走人的衝動，下了節目，立刻在電梯裡面打電話給台南的朋友訴苦，彷彿從小吃到大的米糕遭受詆毀，米糕跟肉燥飯，根本是兩回事啊……

也許在其他地方，軟爛的米糕也是特色，但是台南米糕絕對要保持Q彈的口感，米心要透，還要有倔強的黏度，這樣形容好像很難懂，那就來台南吃一碗米糕吧！或像我一樣，搭高鐵離開台南時，先到接駁車站牌附近的老店，外帶一份米糕加一顆滷丸，在列車緩緩駛離車站時，以米糕的香氣口感跟這個城市的傳統堅持道別，那可是輕易打趴整個車廂的鐵路便當超商便當……全面制霸啊！

有吃有保庇的三王爺糕仔餅

前陣子行天宮宣布廟內將不設香爐，不燒香，也不擺供桌，呼籲信徒雙手合十，心有善念，自然發出馨香，神明就會感應到，而且已經擲筊請示過恩主公了，就這麼辦。

消息一出，信徒的反應兩極，其他宮廟也表示不跟進，反彈最大的，是行天宮周邊產業，已經備料的攤商唉唉叫，行天宮參拜特有的龍眼米糕業者也叫苦連天，我突然想起，小時候跟著阿公阿嬤去拜拜，到底都拜什麼？

老家在台南鹽分地帶，村裡的「公厝」，也就是所謂的「大廟」，供奉吳府千歲，我們稱之為「三王爺」。

三王爺在五府千歲裡面排行老三，據說是個醫生，會看病，開藥方，信徒取了藥方，就去中藥鋪抓藥。有時候村子裡有人久病不癒或是動手術，會到廟裡請一尊三王爺來家裡坐鎮，依稀記得阿公或阿嬤到台南城內「杏林醫院」住院時，也請了一尊三王爺到病房相伴。我大約國小三年級前後有過一次嚴重的腸胃病，也找過三王爺開藥方，三王爺附身在乩童身上，拿毛筆寫藥帖，那藥帖的字體真的是「龍飛鳳舞」，可是中藥鋪師父都看得懂，非常奇妙。

總之，我這一生所謂的廟宇參拜初體驗，應該就是從台南將軍北埔的阿公阿嬤家，步行幾分鐘，走到村子裡的「公厝」。當初也不曉得為何叫做「公厝」，公厝旁邊有間村子僅有的幼稚園，我跟著阿公阿嬤去「公厝」拜拜時，除了想看廟埕的野台布袋戲之外，就是去幼稚園溜滑梯跟盪鞦韆。

如果是年節拜拜或三王爺生日，幾乎是祖孫三代，全家動員，除了要準備三牲禮跟各式水果，過年再加碼甜粿鹹粿發粿，因為供品很多，就要出動扁擔，扁擔兩頭各自掛一個謝籃，幾個大人挑著，小孩子跟著大人，以扁擔和謝籃帶隊，浩浩蕩蕩。沿途再跟親戚鄰居會合，反正小孩子只要遵照大人指示，嘴巴甜一點叫人，叫人之後，會被誇獎，乖，有禮貌，拜拜完之後，就會得到阿嬤的獎賞，紅色薄紙包裝的「糕仔餅」。

糕仔餅，小小幾片，疊起來，紅色紙，黏貼工整。糕仔餅的滋味很奇特，口感介於蛋糕與餅乾之間，有些是綠豆香氣，有些是麻油口味，還有些是酸梅的鹹甜混合。總之，那小小一片糕仔餅，一入口，就在口裡化掉，若是貪心，幾片一併吞下，還會不小心噎到。

如果不是年節或三王爺生日，只是尋常午後，阿公阿嬤午覺醒來，也會去「公厝」走走，跟三王爺報告近況，也就數一數跟班的小孩子人頭，一人一包「糕仔餅」。

先拜過，一炷香的時間，最後把「糕仔餅」雙手捧到眉心的位子，阿公阿嬤也不曉得跟三王爺溝通什麼密碼，總之，報告過了，可以吃了。

阿公阿嬤會說，三王爺有吩咐，吃了拜拜後的糕仔餅，保平安，考試一百分……阿公阿嬤的觀念裡，會讀書，等於有前途，這個很重要。

糕仔餅之外，有時候還會加碼一包「麻米荖」。早期的米荖沒有那麼多花樣，頂多就是芝麻口味，那樣已經算豪華了，也唯有拜拜的時候才吃得到。麻米荖的甜度與麥芽的黏度必須取得完美的平衡，咬下麻米荖的瞬間，發出的嘶脆聲，那聲音，是很銷魂的。

我很愛跟大人去「公厝」拜拜，但我鼻子不好，點了香，就想辦法憋住，不呼吸。但是看到大人買了糕仔餅與麻米荖，放在供桌上，等待三王爺加持，就算呼吸困難，也要忍耐，一切都是為了三王爺保庇過的糕仔餅與麻米荖，好好吃，吃了之後，保平安，考試一百分，會變成好孩子，有前途。

這幾年，麻米荖不斷開創新口味，甚至成為某些老舖餅店的知名伴手禮，可是糕仔餅，卻漸漸失傳了，據說製作過程費工，又賺不了什麼大錢，倘若不是堅持的老店老師傅，也沒有年輕人願意學了。

有幾年，靠台南城內的富香齋「綠豆糕」與「塩糕」來解童年記憶的癮，某日在義美門市發現「糕仔餅」，也忍不住帶了幾包回家，青年路上的萬川號，除了有名的包子，也賣紅紙白紙包裝的糕仔餅，算是隱藏版的懷舊甜點。

即使是那樣不起眼的小甜食，卻帶著敬畏神明的心意，當時看著阿公阿嬤走在前往「公厝」的背影，看他們拜拜的虔誠模樣，嘴裡唸唸有詞，好像跟三王爺談心，最後將拜拜過後的糕仔餅剝開來，分派給孫子，當作神明加持過的約定，彷彿完成一場重要儀式。會不會那時我吃進嘴裡的，已經不是單純的糕仔餅，而是老人家的期待與願望。

既然是拜拜用的供品，有誠心的祈禱，就該用珍惜的心情，仔細品嚐箇中滋味，化成努力的養分才行。

雖然，過去幾年，作為行天宮參拜的龍眼米糕經常被信徒遺忘在廟裡的供桌上，但要說遺忘，每天將近千份，也忘得太徹底了吧！既然恩主公有指示，撤去供桌的決定，說不定是想要提醒信眾不得健忘，可以吃的東西，就千萬不要浪費。龍眼米糕還是可以繼續生產販售啊，就像東京人形町的名物「人形燒」一樣，在水天宮參拜之後，總要買一盒當伴手禮，帶著虔誠的心意把神明祝福加持過的食物，開心吃完才對，不可以遺忘在供桌上啊！如同小時候跟著阿公阿嬤去「公厝」拜拜，也是還未踏出廟門，就把糕仔餅吃光了呢！

散步就能吃到的虱目魚粥就很美味

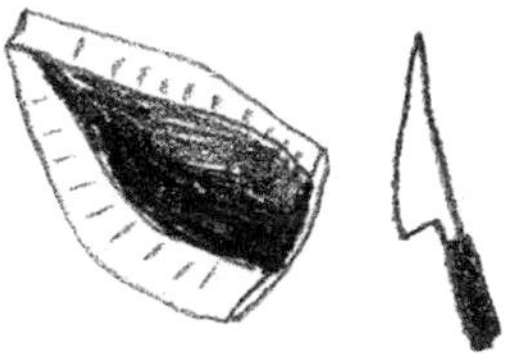

多數台南人應該都有同樣的困擾，常常被外地朋友問到，虱目魚粥應該吃哪一家？牛肉湯該吃哪一家？如果沒有吃過哪家鱔魚麵就等於沒來過台南……類似這些問題，多到如台南剽悍的「烏V」小黑蚊，三不五時就來叮咬一下。可是，像我這種從小在東門城外長大的台南人，習慣吃的虱目魚粥絕對不會在城內，大概就是穿著夾腳拖鞋，走路出門，拐個彎，頂多兩百公尺之內，要不然就是騎腳踏車十分鐘以內可以吃到的虱目魚粥，就是好吃的虱目魚粥。

小時候好像也不流行吃虱目魚粥，倒是加了虱目魚的「飯湯」還算有些記憶。飯湯裡面有筍子、小卷、蚵仔、蝦仁、無刺的虱目魚，材料先下湯鍋，再將煮熟的飯倒進去，最後撒上芹菜珠或韮菜花，加一些胡椒粉，就可以了。這種類似海鮮飯湯的粥，飯粒分明，不到稀飯那樣黏稠，現在府城很流行的虱目魚粥，其實也不算粥，比較符合飯湯的基本精神。

約莫在大學畢業之後，才從來台南旅行的外地朋友口中聽說在城內一間廟前的虱目魚粥很有名，透早要去排隊才吃得到，於是那個外地朋友起個大早開車進城買到虱目魚粥回來巴結我，那是第一次吃到所謂的知名台南小吃「虱目魚粥」，跟母親的料理方式，非常不同。

母親的料理方式，是用小鍋子，生米煮粥，煮到收水「黏濁」，米粒透亮，也就是所謂的「糜」，再加入虱目魚肚。如果是給斷奶之後的小孩吃，則是加高麗菜跟米一起熬煮，虱目魚肚煮過之後也盡量用湯匙壓成碎狀餵食。我很愛這種烹調方法，胃口不好、怕油膩的時候，就盡量用這種糊狀的「虱目魚糜」來體恤腸胃。

我家大約在這幾年之間也開始跟風吃外面賣的虱目魚粥，一開始是老爸騎腳踏車到「崁腳」附近去買虱目魚粥。老一輩的人說的崁腳，大概就是台南出城之後往仁德交流道的方向，據說那裡原本有個小山崙，這幾十年間的開發，小山崙已經不見了，不過騎腳踏車一路上坡去買虱目魚粥，尤其在肚子餓的時候，特別是考驗。位於崁腳那家虱目魚粥的作法是先將虱目魚背脊的魚肉去掉魚刺，先乾煎再弄碎加入粥裡，米粒比較軟爛，還有鹽巴乾煎魚腸，魚腸講求新鮮，近午大概就吃不到魚腸了。

後來，也不想騎腳踏車去崁腳買粥了。鄰近住家的傳統市場，搬來昔日賊仔市有名的老店，一代目老闆身體不好，傳給女婿，是非常典型的飯桌模式，虱目魚粥當然是主打，要吃肉燥飯也有，攤子大鍋旁，有個從來不清洗的滷鍋，滷肉燥、油豆腐、滷蛋，另一個較淺的鍋，有整尾吳郭魚跟虱目魚頭，另一個鍋，則是滷筍絲，其他鐵盤盛裝的小菜，就是烤香腸、每日替換的蕃薯葉、高麗菜、洋蔥炒蛋、菜脯蛋。

二代目老闆穿著類似強力太子龍學生褲的藍色短褲，繫一條黑色圍裙，腳踩一雙黑色雨鞋，透早天光，就開始處理虱目魚，像刀工厲害的匠師一樣，可以將多刺的虱目魚支解成無刺的魚肚，再將俗稱「魚嶺」的背脊肉處理成無刺長條狀，光是背脊那些魚刺就是江湖武林最難應付的對手了，而那些魚頭用鹹湯煮過，11點過後幾乎是搶不到了。

除非特別指定要吃魚肚粥，否則一般魚粥用的是無刺的魚嶺，客人注文點餐之後，才依照份量用小鍋大火快煮，用的是大鍋飯，米粒較硬Q，但經過熱湯煮滾之後，嚼感特別好。粥裡有油蔥酥和芹菜珠或韭菜花，還很豪邁添了幾「咪」超級肥美的蚵仔，魚嶺的肉一點都不乾澀，因為是快火燙熟的，肉質出乎意料之外的軟嫩。

於是，這家菜市場的虱目魚粥成為我家變心之後就「黏」上去的愛店，只要穿著拖鞋就可以走路抵達，叫滿整整一桌，有飯有粥有湯有魚頭有配菜，又吃飽又吃巧。既然是庶民美食就不至於太昂貴，也不必排隊，頂多跟陌生人併桌，併桌吃久了就成朋友，反正都住在附近，算鄰居。老闆跟客人都有默契，最好維持現在這樣的營業規模，當日備料當日賣完就打烊，質量都在二代目老闆可以負荷的範圍之內，老主顧想解饞也不必跟觀光客卡位，就算只是買菜路過，拎兩顆虱目魚頭回家，或打包一碗虱目魚粥回去當早午餐也行。

對我來說，可以穿著拖鞋、慢慢散步就可抵達、能隨性坐下來吃到的虱目魚粥，就是好吃的虱目魚粥。相信在台南這個喜愛虱目魚、長年跟虱目魚培養了深厚革命情感的城市，座落在大街小巷的虱目魚粥，早就依照庶民百姓的口味與日常作息和人口比重，做了最精準的衛星定位配置，這些隱身尋常巷弄與傳統市場的虱目魚粥店家，儼然就是堅守原則的頑固料理人了。到台南，無須拘泥於名店，只要看到穿著夾腳拖鞋、在地人模樣的客人坐在店內用餐，就放心吃吧，不會讓人失望的。

台南菜市場
完全制霸的珍珠玉米

台南傳統市場，幾乎都有賣水煮玉米的攤子，煮沸滾水的大口鍋子，旁邊是堆成小山一樣的玉米，水煮之後，移到大面盆，又是堆成小山一樣，冒著水氣和一股青草甜味……那是南部市場的看板之一，譬如府城隍廟附近的東菜市，起碼就有三攤賣水煮玉米，陣容最龐大的，配置好幾口鍋子，甚至有自己的玉米田，根本是產地直送的華麗規格。

玉米叫「番麥」，剝去黃色外衣、塗了醬料用火炭烤的叫做「ㄏㄤ番麥」，穿著黃色外衣下去水煮SPA的叫做「ㄙㄚ番麥」。「ㄏㄤ番麥」通常在夜市或電影院門口擺攤，價格貴，醬料口味任選，「ㄙㄚ番麥」

則出現在傳統菜市場或夜市，價錢親民，一「穗」在10元上下。

小時候，阿嬤不准我們吃黃玉米，說那是餵豬的，唯有白玉米才是人吃的。約莫在中學之前，都沒吃過黃玉米，看到加工的黃玉米粒罐頭，嚇了好大一跳，豬食拿來煮玉米濃湯，會不會太超過。大學到了北部，跟同學在淡水英專路吃自助火鍋，看到同學從冰櫃拿出一盤切塊的黃玉米，照例是猶豫好久，不曉得該不該動筷子，但是看同學吃得津津有味，簡直咋舌。

後來自然是入境隨俗，吃了黃玉米，即使對阿嬤有點不好意思，心想黃玉米過了濁水溪，應該是脫胎換骨，力爭上游了，何況黃玉米吃起來有股甜味，水分多，感覺起來像水果，但嚼勁與口感都比不上白玉米，如果要「ㄙㄚ」或「ㄏㄤ」，白玉米還是沒辦法取代。

因此，我的人生上半場，大概都是白玉米的擁護者，直到，珍珠玉米出現……七彩……或暖色漸層……亮晶晶……kirakira……像琥珀鐲子般的亮澤光度，口感嚼勁又比白玉米多了一層軟Q香甜。據說是糯米種，但為何可以發展出繽紛色澤，真是玉米界的傳奇。色澤淡一點則軟一些，色澤深一層則硬一點，大抵按照這樣的規則挑選，一穗一穗，夾進小鐵盤，店家再將一穗一穗玉米夾進鹽水裡面「唰」一下，那鹹度也就渾然天成，跟玉米一起擁著唾液在嘴裡濃情蜜意了起來，珍珠玉米不管是外貌或內涵，無疑在玉米界取得完全制霸的領先地位。

早期，珍珠玉米多以深紫色或淺紫色亮相，現在則是以粉嫩和金黃參差排列，彷彿水彩潑墨畫作的層次。幾年前，有機會到玉井天埔社區採訪時，行經一片玉米田，農家現摘之後，立刻在村內大廟旁的活動中心，用大灶煮水，「ㄙㄚ」了一大鍋珍珠玉米，因為是現採現煮，滋味好到一個絕佳的境界，從沒吃過這麼銷魂的玉米，而且是七彩又很Q彈的糯米種，那滋味直到幾年之後回想起來，後勁仍舊猛烈，彷佛是什麼遺忘不了的舊戀情。

可是七彩色澤的珍珠玉米，在台北傳統市場卻少見，台北的菜攤多數販售煮湯用的黃玉米，市場入口的水煮玉米則多數是白玉米，或即使號稱珍珠玉米好像也只是淺黃色品種，有機店則有水果玉米，不像台南菜市場完全被七彩珍珠玉米的陣容壓制，這當中有什麼不為人知的商業秘密嗎？

問過一些台南市場「ㄙㄚ番麥」的店家，他們或說北部氣候不適合，或說南部產量只夠南部銷售，可能沒辦法運過濁水溪……或問了台北市場「ㄙㄚ番麥」的店家，有沒有彩色珍珠玉米啊？老闆搖搖頭，「沒有」「很少」。為什麼「沒有」「很少」？他們照樣是搖搖頭，「不知道！」

去年夏天，竟然在台北東區日系百貨公司地下超市發現粉嫩色澤的珍珠玉米，以兩根為一單位，躺在保麗龍盒子，還蓋上保鮮膜，高貴蔬食的派頭與身價，跟茄子、青椒、山藥互相依偎。我看著珍珠玉米，偷偷揮手與它們打招呼，嗨，過了濁水溪，還習慣嗎？這裡冷氣有點涼，還好嗎？

不過，我還是喜歡在台南傳統市場看到那大鍋水煮玉米的氣魄，以B級平民美食的姿態和滋味相「交陪」，那才是珍珠玉米全面制霸的真性情啊！

無法拒絕紅豆的好意

我不是個酷愛甜食的人，但是對於紅豆的好意，卻很難拒絕。

小時候，年節拜拜的供桌上，都會有一大盤鮮紅色的「紅龜」，造型類似山東大饅頭，外皮卻是火辣辣的鮮紅色，裡層則是暗紅色的豆沙餡。我不愛外層麵皮，只愛豆沙餡，每次都央求母親先把外皮咬掉，留裡面的內餡讓我獨享。

老派的台南喜餅是六塊大餅，餅盒打開，彷彿六本英漢辭典躺在大床上，我對其中的麵粉酥、鳳梨酥、綠豆椪、魯肉大餅都不太有興趣，唯獨那塊烏豆沙，無論如何，都想嚐嚐。

吃挫冰的時候，很難拒絕淋上煉乳的紅豆牛奶冰；吃麻糬的時候，第一順位也是紅豆口味；吃冰棒的時候，偶爾選花生口味，多數還是把機會給了紅豆冰棒；寒冷冬天，只要附近有紅豆湯攤子，就像衛星定位一樣，立刻被吸引過去，熱騰騰的，吃得一肚子暖洋洋。

尤其那幾年在多雨低溫的淡水讀書時，側門所在的水源街二段，有一家夏天賣冰、冬天賣熱紅豆湯的小店，我經常在分租的公寓屋內聽著冷風敲打玻璃窗，瀕臨哆嗦的極限時，毅然決然，將紅豆湯視為溫熱嚴冬的一座小暖爐，立刻穿上厚外套，拿起零錢銅板，努力頂著屋外小巷的冷風，一路往紅豆湯小店前進，那幾乎是我活在淡水寒冬的最大意義啊！

畢業之後，剛上班那幾年，辦公室非常流行的下午美食，除了蔥油餅之外，就是「車輪餅」了。小時候在台南，我們說那種圓圓的餅，叫做「摳仔餅」，到了台北，卻因為製作餅的烤盤像車輪，同事都說那是「車輪餅」。車輪餅內餡有甜的花生、芋頭、奶油跟紅豆口味，鹹的則是菜脯，同事都愛菜脯口味，可是我超愛紅豆口味，索性就以「紅豆餅」為代號。後來這類車輪餅或紅豆餅，從廉價的路邊小攤，升級為高價的日式甜點，進駐百貨公司地下美食街之後，還變成排隊名店。不過好吃的秘訣，還是剛做好、帶點焦味、有點燙卻不至於無法入口，那樣的熱度最好。

不過紅豆餡的甜度與綿密口感很重要，過甜的，吃起來噁心，倘若沒有「沙沙」的口感，又不夠誠意，我對紅豆餡，其實也有點挑剔。

自己在家裡，則是習慣煮一鍋紅豆湯，夏天吃冰的，或是加牛奶打成紅豆沙，冬天則是吃溫熱的。紅豆如何煮，需要經驗跟技巧，要煮到內鬆軟、外皮完整，也是一門學問，因為是自己煮來吃，有時候失敗、有時候成功，就像人生一樣，無論如何，都要負責任「完食」。但是紅豆湯就算再怎麼爆走，只要紅豆跟糖的品質好，加上自己對紅豆的溺愛，大抵都在好吃的範圍之內，不至於太離譜。

因為很喜歡東野圭吾小說《新參者》改編的日劇，那位在日本橋警署任職的加賀恭一郎警官（其實就是阿部寬），常常出沒「人形町」一帶，排隊買「鯛魚燒」卻從來沒能如願，其中有一集還是以「哇沙米」內餡的「人形燒」做為破案的關鍵，也因此我到東京旅行時，兩度到人形町進行所謂的「新參者散策」。沒想到，也跟加賀警官一樣，排不到名店的鯛魚燒，倒是吃了兩家老舖的「人形燒」。其中一家在水天宮對面，加賀警官曾經在此店排隊買人形燒時，撿到嫌疑者的鈕子。另外一家則是在「甜酒横丁」入口附近的「板倉屋」，老師傅帶著傑尼斯系年輕師傅在店內招呼客人，每盒人形燒還附上小卡片解說人形燒的歷史，紅豆與糖的比例和香氣十分微妙，入口之後，會有一股俏皮的氣味在喉間擴散開來，彷彿紅豆跟糖，手牽手跳著什麼快樂的華爾滋。

以紅豆為主要原料做的糯米點心「荻餅」，在台灣日式高檔甜點名店，價格不便宜，不過看了日本NHK晨間小說創《鬼太郎之妻》之後，才知道「荻餅」是日本家庭很普遍的「媽媽料理」。作法各有不同，我參考《鬼太郎之妻》步枝女士的手作配方，實驗了幾次，從蒸煮糯米、煮紅豆餡、到手捏成形，可能是紅豆的好意加上自己對待料理的心意，有了加乘的效果，感覺有點「自慢」。不過，作點心竟然作出驕傲感，那肯定是自戀的小滿足了。

有一年，在百貨公司的日本商品展，吃到來自北海道十勝的「紅豆泥」，因為是用糖「蜜過」的，很甜，可以冷凍保存，拿出來加熱水煮成小碗紅豆湯，或是夾土司一起烤，或夾饅頭蒸熱吃，每一樣吃法都很盡興。於是我想起台南城內國華街與中正路口「美勝珍」蜜餞前方，也有個紅豆泥攤子，但其實不是攤子，而是一台摩托車，車上架著小櫃子，紅豆泥堆成小山丘，顧攤的老闆常常打瞌睡，但是他的紅豆泥既便宜又好吃，甜度恰好，直接用湯匙挖來當零嘴吃，甚至老派台南人會拿來配早餐稀飯。以紅豆為原料的甜點來説，這道紅豆泥與台南東門圓環邊的太陽城「紅豆牛奶霜」，算是CP值最高的了。

近幾年也自己嘗試做過紅豆飯，對於那種以蛋黃、肉鬆和紅豆餡為主要班底的鴛鴦Q餅也毫無抵抗力，我想，這輩子是很難拒絕紅豆的好意了，根本逃不出紅豆的手掌心啊！

被空軍市場的涼麵寵壞了

可能是因為出生在崇誨空軍眷村包圍的紡織廠宿舍裡，住家遷徙也一直圍繞著空軍市場周邊，我們家雖然是台語家庭，卻很早就開始接觸所謂的「外省眷村菜」。舉凡燒餅油條、陽春麵、大滷麵、水餃、酸辣湯的小攤，都在步行可抵達的距離，放假日吃燒餅油條當早餐，飯不夠的時候，拿提鍋去買陽春麵來相添，幾乎是吃食的日常。

尤其陽春麵在台南另有一種台語說法叫做「外省ㄚ麵」，陽春麵的攤子多數是嗓門很大的空軍退役老兵負責煮麵，台灣籍的妻子就負責切滷菜和端麵，夫妻兩人吵架拌嘴，一個說家鄉方言，一個說台灣話，好像也能過一輩子。之所以叫做陽春麵可能是便宜的緣故，叫做外省ㄚ麵則是陽春麵老闆多數是外省人。我後來離開台南到北部讀書工作時，跟其他縣市的朋友提到「外省ㄚ麵」，超過九成的人都覺得這說法很妙。

另有騎腳踏車叫賣的「大餅」，因為賣餅的伯伯鄉音很濃，小巷弄裡，迂迴輾轉，聽起來像台語發音的「豆標」，是可以止餓的點心，溫溫地吃，有油香，放涼吃，則有嚼勁。大概在天空染上鵝黃色彩的傍晚，就會聽到中氣十足叫賣「豆標」的聲音，那氣勢跟決心，充滿鄉愁，我後來懂一些老兵隨部隊來台的故事，總覺得那叫賣聲之中，有許多人生的悲歡離合。

夏日天熱，眷村市場就會開始賣涼麵，不是批發來的盒裝涼麵，而是店家清早起來燙麵，再用雙手用力將麵拋起來「翻涼」，那麵條的嚼感就特別好。醬料用圓形小瓷缽擺滿攤位桌面，起碼五、六種。當時涼麵攤子都是用滾藍邊的白色琺瑯淺盤子，盤子疊成小山一樣，客人來了，才從一大臉盆的麵條裡面抓一小把份量，挑鬆擺盤，再依序用小湯匙淋上醬料。小湯匙在一碗碗小瓷鉢的上空飛快行動，好像少林寺無影腳的身手，一小匙一小匙，醬汁飛濺跳躍，就這樣落入麵條的毛細孔裡面。

那些醬汁到底是什麼？小時候我光是站在攤子旁邊看老闆用小湯匙加醬汁的模樣，就已經十分讚嘆了，目光流露出孩童的好奇與崇拜，完全不敢開口問老闆，那些五顏六色的醬汁各是什麼。只知道跟涼麵配起來，真是對味，酸、甜、香，還帶著少許蒜頭與少許辣椒或者花椒的微辣，芝麻醬之中，甚至吃得到顆粒狀的……不曉得是不是花生的碎粒。

早期外帶涼麵要自己端盤子去裝，後來有透明塑膠袋之後，則是將黃色麵條鋪底，上面是一層綠色小黃瓜絲，最上層是醬料包，醬料包也是那樣一湯匙一湯匙「配方」出來的，用紅色橡皮筋繫得緊緊的，整組「涼麵」再用紅色塑膠繩束緊，一根手指頭勾著塑膠繩，一路搖晃回家。

總之，我完全被涼麵老闆的魔法迷惑了，看老闆製作包裝涼麵的過程是賞心悅目，自己吃涼麵的過程則是驚喜連連，好吃的涼麵醬味是有層次的，一層一層，像海浪緩緩湧上岸，我甚至連最後留在碗底的醬汁都不放過，一概是仰頭喝光光。

即使到現在，眷村都改建成國宅了，當年我出生的紡織廠宿舍也拆除了，可是崇誨空軍市場的外圍，仍然有三家傳統涼麵繼續做生意，也不曉得賣幾年了，酸甜辣，麵條嚼感，各擅勝場。其中有兩家還兼做臘腸臘肉，另一家兼賣蔥油餅，都是在地人吃了好幾年的隱藏版美食。

從小被空軍市場的涼麵寵壞了，不管是超商涼麵或是早餐店批來的盒裝涼麵，都沒辦法妥協。至今我仍然不曉得市場那幾家涼麵攤的醬汁秘方，畢竟，享受著涼麵蘊藏的滋味層次，還帶著猜謎一樣的心情完食，這種經年累月培養出來的革命默契，真是吃食的極致交情。

在家裡也喜歡做單盤份量的涼麵，先將麵條或麵線以沸水煮過之後，放在小竹簍裡，置於流動的冷水底下沖涼（我用的是過濾水）。配料是小黃瓜絲，有時候額外添加煎蛋皮切絲，或紅蘿蔔切絲，醬料的部分必須有台灣小農生產製造的芝麻醬、老店的芝麻香油、帶一點甜度與果香的水果醋、朋友手作餽贈的辣油少許，最後取一顆台灣蒜頭壓扁磨碎成蒜汁，總之就是把我記憶裡的空軍市場涼麵味道一一從舌根還原出來，試過幾次，覺得不錯，吃起來安心，也勝過超商涼麵的口感。

如果沒辦法吃涼麵吃到過癮，夏天就少一味了，即使到了冬天，只要返鄉，照樣會穿拖鞋去菜市場拎一包涼麵回家，用報紙包起來，在冰箱裡面冷藏一下，然後找個碗公，把醬汁跟麵條拌勻。巧合的是，吃涼麵的日子都會恰好穿白色上衣，白色上衣就留下涼麵醬汁的咖啡色斑點，倒也無所謂，就當作被涼麵寵愛的證據吧！

三、粗茶淡飯

是誰偷走家裡的餐桌？

母親婚前是紡織廠女工，婚後就辭去工作，開始每天準備三餐的家庭主婦生涯。那時父親每天中午從台南運河旁的紡織廠騎腳踏車回到東門城外的家裡吃中飯，吃完中飯再騎腳踏車回去上班，母親一天的菜錢預算只有20塊錢，阿伯與兩個姑姑偶爾還來搭伙。

因為每天買菜，因此我們在台南城內城外的遷徙，幾乎都距離菜市場不遠。母親堅持每日採買新鮮食材，自己烹調，我們家除了偶爾在停水的日子會去吃「外省麵」之外，幾乎不外食。

記憶中，就連甜食飲料都是母親自己花時間變出來的花樣。冬瓜茶、檸檬汁、蓮藕茶、鳳梨湯、綠豆湯、愛玉仙草……想吃冰棒就自己做，想吃布丁也用大鍋炊，母親除了不擅長包粽子之外，好像沒什麼辦不到的，連粉粿的糖汁都是親手熬的。

當時還沒有什麼時髦的電子鍋，就靠大同電鍋的內鍋外鍋拿捏妥當的水分來控制，母親偶爾去美容院洗頭的日子，我就負責洗米煮飯，約莫小學開始就幫忙張羅這些事情了。

於是，早餐有母親做的荷包蛋、煎肉片、烤土司，搭配牧場直送的玻璃瓶裝鮮奶；小學六年都走路回家吃中飯，國中是母親送便當到學校，高中則是帶著母親清早做的便當上學，其他同學送進蒸飯籠的便當大多是從冰箱拿出來的隔夜飯，我的便當則是會燙手，就算學校當天的蒸飯系統壞了，也不必吃冰冷的飯菜。

那個年頭，外食的選項頂多就是麵攤跟「飯桌仔」，想要包便當，甚至要自己帶便當盒，想外帶湯麵，要準備提鍋，根本沒有那些紙餐盒、塑膠袋跟免洗碗。

父親工作的紡織廠有大廚房，廚房內有兩口大竈，聘有廚工數人，每日採買雞鴨魚肉蔬果，切洗烹煮，應付廠區數百人的伙食。因為工廠有日夜輪班，24小時運作，因此廚房就要負責員工三餐，一旦開飯，好幾十張大圓桌，非常壯觀。

阿伯跟姑丈在民權路經營布行，即使員工不像紡織廠那麼多，僅僅十數人，也會雇用煮飯阿桑，每日買菜，每日開伙。小學一、二年級，下午沒課，經常跟父親到民權路布行玩耍，也跟著布行的伙計們，坐在狹長建築的天井，一起吃煮飯阿桑準備的一大鍋綠豆湯。

喜歡做漬物的外婆在哈馬星的眼科診所後方天井，有一甕一甕的菜頭皮與豆腐乳，那時候吃白稀飯就靠這些古老的醬菜，沒有化學添加物，只有鹽巴和豆醬。

家裡的餐桌，工廠的餐桌，布行的餐桌……食物與餐桌的距離，曾經那麼親近。

幾十年之間，食物到餐桌的旅程，經歷非常恐怖的迷航與變化。家庭主婦急速朝著職業婦女轉型，在家開伙越來越困難。工廠或公司商號已經沒有廚房也不雇用煮飯阿桑，變成外送便當的大客戶。

黃昏暮色中，不再有家家戶戶飄來「生米煮成熟飯」和煎魚炒菜的香氣，而是整日在職場賣命的疲憊爸媽們，拎著便當回家的背影，或是因為爸媽還在加班，只好去便利超商吃關東煮泡麵飯糰與國民便當的小孩們。

日子很辛苦，賺錢不容易，油電瓦斯又一直漲，願意用大骨頭熬湯的店家越來越少了，反正有人工香料當靠山，要色澤要香味，完全沒問題。

洗水果切水果太麻煩，因此化學香料添加的盒裝果汁與手搖飲料變成時髦的選項。

打開門就叮咚叮咚歡迎光臨的便利店，因為可以集點加價換那些塑膠玩具，所以雞蛋布丁沒有雞蛋，麵包有修飾澱粉就不必太在意。

很多小孩對於「少冰全糖」「去冰半糖」的 order 朗朗上口，卻不清楚芭樂還沒切片之前原來長那樣。

為了更快速更美味更Q彈的口感，我們正在殘酷剝奪身體與食物正面擁抱的機會，不知不覺讓那些要命的人工添加物對著我們的內臟展開攻擊，卻還掏錢買單，毫無反抗的餘力。

母親已經七十幾歲了，買菜跟烹煮三餐仍然是她的日常作息，她只吃水果不喝果汁，只喝開水不喝飲料，偶爾偷懶才會跟父親一起去吃虱目魚粥，但是對食材挑嘴的脾氣已經變成她的人生專業，仍然覺得自己煮菜端上餐桌才放心。

台灣有多少家庭已經沒有機會圍著餐桌一起吃飯了？如果不是每個人低頭扒食便當，就是被化學添加物偽裝的加工食品餵養著，跑到哪裡都逃不了。

是誰偷走家裡的餐桌呢？

時代不同了，工作與生活模式也改變了，食品代工的組織與通路，徹底制約了台灣人的吃食模式，食物輾轉流浪的旅程超出我們可以想像的坎坷與驚險，會不會，就是我們自己把家裡的餐桌推開了呢？

●冰箱為何變成食物的墳場？

我非常喜歡「三毛」翻譯的阿根廷作家Quino的作品《娃娃看天下》，雖然是漫畫，雖然主角是一些小孩，可是充滿警世的寓言，即使現在重新讀一遍，還是覺得這地球面臨的困窘與難題，好像沒什麼改變，其中有一則，至今印象深刻。

意思大致是這樣的：感恩節前夕，瑪法達的弟弟，打開冰箱，立刻驚嚇地關上，隨即臉色鐵青跑去跟母親說，「我剛剛在冰箱裡面看到雞的屍體。」

也許有人認為這樣的童言童語好可愛，但仔細想想，如冰箱這樣偉大的電器產品，不就是食物保鮮的地方嘛，但是換一種角度來看，那些在冷凍冷藏庫躺平的，真的就像瑪法達的弟弟說的沒錯啊！

想起小時候，阿嬤的廚房出現村子裡第一台電冰箱，那冰箱很快就變成村民之間的傳說，甚至成為共用財產，左鄰右舍寄放的雞鴨魚肉，總是塞滿冰箱。依照老人家的觀念，冰在冰箱裡的東西永遠都不會壞，那冰箱就像神器一般，年頭拜拜的三牲，冰到年尾冬至，好像也不是太奇怪的事情。

直到現在，仍然有很多人存在這種觀念，任何食物只要放進冰箱就能永久安心，尤其是醬料罐頭或冷凍加工食品，一旦塞進冰箱之後，就很容易被遺忘，過期好幾年，好像變成常態。

許多家庭的冰箱，就這樣默默變成食物的墳場，大賣場或電視購物台促銷的真空包裝牛肉豬排蝦子鮭魚，辦公室團購來的乾麵烏龍麵速食包，據說沒吃過就會後悔一輩子的XO醬干貝醬辣椒醬，什麼古法釀造的豆腐乳豆豉直到表層長出一層厚厚的白色霉菌都還捨不得丟，乾料過期三年還是默默蹲在冷凍庫角落畫圈圈，兩年前的端午節粽子直到兩年後的中秋節清冰箱才發現它們已經凍僵變成木乃伊。

颱風警報發佈之前搶購的葉菜，不知不覺在冰箱下層蔬果盒靜靜腐爛成墨綠色的菜汁；不曉得什麼時候買來的現撈海魚，以為很快就會煮掉，但是塞在冷藏上層保鮮盒，從破掉的塑膠袋流出來的血水已經乾涸，跟隔壁擠在一起的某些過夜熟食流出來的肥油綜合成一種莫名色澤的脂肪層，拿菜瓜布用力刷也沒辦法清除；梨子爛掉了，鳳梨出現發酵的酸味……冰箱變成各種氣味的綜合特調，然後再買各種品牌的除臭芳香劑來聊表心意。

不斷不斷的大量採買，卻因為懶得烹煮而回過頭去倚賴外食，已經變成現代家庭的飲食政策。新的食物把舊的食物往冰箱深處推擠，舊的食物再把更舊的食物逼入絕境，冰箱變成家庭之中，最恐怖無情的密閉空間，不但冷，而且無法呼吸。

購買的時候，有飽足的幸福感，每一次都發誓，這麼美味的東西，這麼划算的價錢，當然不可以錯過，可是放進冰箱之後，就如同進入遺忘的冰窖，不記得了，不記得了……食物就在那裡互相擁抱，發抖哆嗦，直到某一天，才被想起，然後因為過期或腐敗，因此被丟棄。

我們太倚賴冰箱的便利，卻忽視了食物的生命週期，即使是加工食品，也常常被要求賞味期限夠長，保存期限夠久，買來之後，放進冰箱，然後徹底遺忘。

有一次，到有機店採買新鮮葉菜，聽到一個客人跟店員說，要買可以久放的青菜，店員問他，要放多久，客人想了一下，大概一個月。

如此的購物需求好像變成挑選食材的基準了，可以久放的，變成競爭力，也因此冰箱就變成堆積食物的神器，換一種角度來看，當主人遺忘之後，冰箱也就變成食物的墳場。

不如就趁這時候，打開冰箱，把那些擠在角落的塑膠袋、真空包裝、保麗龍盒子或冰箱門邊的瓶瓶罐罐拿出來檢查一下，該丟的，就丟吧，該捨棄的，就不要猶豫，反正他們僵直杵在那裡那麼久，也沒正眼瞧過，這時候丟棄，就不要再拿狠心不狠心的問題來折騰自己了，倘若有真情，在他們青春正好的年頭就應該把他們吃掉啊！

但是清完冰箱之後，請記得檢討反省自己的食物採購與消化政策，否則下一批食物再住進來，還是脫離不了被遺忘到過期的命運，若食物也有情緒，可是會掉眼淚的啊！

菜市場好療癒

心情不好，感覺人生好無趣，日子好沮喪的時候，就會想去菜市場晃一晃。

午前的早市，或傍晚的黃昏市場都可以，就算不是週期性的採購日，只要有那麼一點失意的挫折感，即使什麼都沒買，光是跟熟悉的攤商聊聊天，看到做生意的人那麼帶勁，就會覺得自己遭遇的事情根本沒那麼慘。

以傳統的菜市場為佳，生鮮超市也不錯，挑選食材很容易讓人進入另一個時空磁場，短暫抽離負面情緒的療效特別好，不知道有什麼醫學上的研究可以佐證，總之，菜市場是我的療癒場。

喜歡去傳統市場買魚，許多海鮮的知識，挑魚的技巧，都是跟賣魚的老闆學的。有些魚，常吃，魚的名稱自然就記得，有些魚，稀有，每次問，每次忘，下一回又看到，照例又問，照例又不記得。

經常去買菜的市場外圍，有一對賣魚的夫妻，兩張小板凳，一把大陽傘，幾個蔞子，鋪著綠色荷葉與碎冰塊，賣新鮮午魚、馬頭、野生黃魚、秋刀、透抽、以及罕見的劍蝦。老闆的刀工很棒，如雕刻師傅一般，魚的內臟清理得很乾淨，清洗之後，交給太太，放進塑膠袋，雙手奉上。我會蹲在蔞子前面，問他們，什麼魚，怎麼煮，一邊想著，夫妻這樣透早去海港批魚，日日來此市場做生意，天冷天熱都一樣，應該也不算是財經雜誌定義的人生勝利組，但是太太活潑，先生穩重，如此人生，頗讓人羨慕。

市場內另有一位賣魚老闆，以前會一邊殺魚一邊聽古典音樂，中午收攤前，改聽周杰倫，或搖滾樂。他賣的魚都先處理過，切好，擺盤，價格不便宜，但新鮮有口碑。前陣子整修攤位，加裝冷氣和冷藏冷凍櫃，牆上還安裝了大型液晶螢幕，不斷放送老闆自己拍的攝影作品，這老闆真是才子啊，賣魚的藝術才子。

另一條走道，兩個手臂滿是刺青的年輕人，一整個上午，犀利刀鋒，俐落巧手，跟整個檯面疊得滿滿的虱目魚搏鬥。無刺魚肚一疊、魚嶺一疊、魚頭一疊。年輕人即使外型看起來好像電影《無間道》琛哥的手下，可是做生意卻好有禮貌，初次去買魚，畢竟忐忑，好怕遇到狠角色，沒想到刺青男說話很溫和，找完錢，遞上虱目魚，還禮貌鞠躬道謝。那鞠躬的姿態彷彿行走江湖改邪歸正的表態，不過那是我的幻想，說不定年輕人根本不是出來混的，而是認真賣魚的有為青年，畢竟是挑戰級數很高的虱目魚啊，沒有決心是做不來的。

以前曾經路過一座菜市場，見過豬肉攤的老闆剁完豬腳，遞給客人，收過錢之後，突然轉身，開始拉小提琴。已經是好幾年前的事情了，當初我楞在市場走道上，好像見到什麼隱身菜市場的音樂家。那老闆當天拉的曲子似乎是台語老歌，類似〈港都夜雨〉那樣的曲調，已經想不起來了。但那個攤子後來到底怎麼了，老闆還拉小提琴嗎？我自己倒是忘了菜市場的確切位置，似乎是某次搭公車下錯站，索性就逛起菜市場，只記得那天原本很沮喪，在豬肉攤前方聽了小提琴，內心好像被挹注了什麼神奇魔力，感覺可以重新推門出去戰鬥一樣，完全沒有問題。

熟識的市場還有個奇妙的攤子，賣蚵仔、蛤蜊、蜆仔、桂竹筍，以及老闆娘自己醃漬的甜薑。買蜆仔送九層塔，買蛤蜊送嫩薑，買桂竹筍送辣椒，買蚵仔則是送嫩薑加九層塔。老闆娘很「好嘴」，招呼客人的口氣甜滋滋的，見到很久不見的客人會大叫，「要常來啊，因為我好愛你們！」圍著攤子的大家都笑了，對於老闆娘的告白，無人認為矯情或噁心，這情感真是微妙。

這日，又去了一趟菜市場，一開始也是因為悶，清早醒來覺得這世界怎麼變得如此絕望，只好一頭鑽進菜市場找藥方。這陣子台灣蒜頭便宜，那就多吃吧，買了一根雞翅34元，一杓蜆仔50元，用好幾顆蒜頭煮湯，加一小匙澎湖的紅蘿蔔海鹽調味，一小鍋，也有三碗份量，喝著湯，剎那就感動了。

活著，不就是為了這些滋味嘛，那就，勇敢一點吧！

湯頭是熬煮的心意 不是化學添加的魔術

熬湯，是一門耐心的修行，只要是喜愛烹煮的人都知道，所謂湯頭滋味好不好，絕對不是入口瞬間的短暫香氣，而是沉入喉間的回甘心意，沒有誠摯的心意，就不要拿「天然」的藉口出來開玩笑。

約莫在兒時有味覺與嗅覺的記憶以來，家裡的餐桌圓心，一定會有一鍋湯，倒也不是直接把湯鍋端上桌，而是盛裝在大同瓷器的碗公裡，碗公的邊緣，有一圈粉紅色小花。那碗湯，就端坐在圓桌的中心點，圍繞碗公的外圈，有青菜、魚、肉、蝦、豆腐等大小盤子，外加醬油一小碟、豆腐乳一小碟，接下來的一圈，則是碗筷湯匙，最外圍則是無論如何都要等到全員齊全才會開動的一家人。

那樣圍成一圈的用餐儀式，每每以喝湯作為完滿的終結，而那碗湯，是母親當日烹調最費時費心的一道料理。無論餐桌上的湯品，最後以何種風貌呈現，做為基底的湯，都不是清水加味精鹽巴就能交差，倘若是那樣草率，對於所謂的主婦料理魂來說，顯然不敬。

熬湯所要花費的心力，絕對是一場完整一到九局的正規比賽，甚至連賽前的熱身或偶有的延長賽，都馬虎不得。

清早上菜場，要跟熟識的肉販採買豬大骨，那個年頭，沒有化學湯塊，湯要好喝，豬大骨是靈魂，非常搶手，有些時候沒有特別吩咐，還搶不到。那大骨的份量倘若K到小孩的腦袋，如果不是淤青就是暈眩半天一日，大約是那樣的體積與重量，類似打擊力道驚人，一出手就能穿越全壘打牆的中心強棒。

大骨要先用煮沸的水燙過，再用清水洗一次，才能放入大鍋裡面熬煮。母親對於大骨湯的品質很講究，起碼要幾個小時在爐邊看顧，火候大小，撈油的時機，全都在她的專業掌控下，沒有妥協的餘地。

比較「頂真」的時候，譬如年節要圍爐吃鍋，那就要先把扁魚炸過，再加入大鍋跟大骨一起熬煮，另外加入小干貝，有時候還有小魚干，最終撒入大把柴魚片，熄火，蓋上鍋蓋，必須是那樣的陣容，經過紮實的磨合，才夠格作為火鍋湯底。

那一大鍋大骨湯底就成為每餐料理湯品的靈魂，煮黃帝豆排骨湯、或豆薯剉籤打顆蛋花加一把蒜苗切片、或湯裡添少許醬油煮成茼蒿菜魚丸湯……倘若飯不夠，就下一把麵條，用大骨湯做底，加一大匙肉豉仔和一把小白菜，就是緊急登板救援的陽春麵。家裡熬過的大骨，其實已無滋味，就拿給小狗磨牙。小狗愛到死心塌地，咬著咬著，咬到入睡，還抱著不放。

那時麵攤的基本配備就是一口大又深的鍋，鍋子分成兩半，一邊熬大骨，一邊沸水燙麵燙青菜，鍋蓋也分成兩半，可以左右掀開、又可轉來轉去。下麵的時候，先用長筷子勾起鍋蓋，用手把麵撥散下鍋，鍋蓋轉半圈，用大鍋杓取大骨湯入大湯碗，再蓋上鍋蓋，等到麵煮軟之後，再用長筷子勾起鍋蓋，摘幾片小白菜，灑入鍋內，隨即用竹編漏杓撈起，放入湯碗，淋上肉燥，整個下麵煮麵撈麵的過程彷彿嫻熟的戲法，我拎著湯鍋站在一旁，看到出神。

如果麵攤那鍋肉燥是攻擊力，那麼，大骨湯就是滴水不漏的防守功力，將整碗麵的實力，平衡到極致。

湯底是時間淬練出來的魂，時間拉長了滋味的餘韻，最貴的成本，其實是跟食材對話的耐性。

可是，時間變成煮食過程當中，最容易被捨棄的環節，有了簡便的湯塊和號稱濃縮之後又可還原的湯粉，為了節省烹煮的瓦斯費，為了減少看顧大骨湯的人力時間，為了增加連鎖店獲利的空間，為了讓消費者花很少錢也能喝到「美味的湯頭」，於是那些必須花費在熬湯的金錢與時間成本，只要有漂亮的廣告文宣跟各種化學香料，要什麼味道，就有什麼味道，要什麼色澤，就有什麼色澤。這是一場你情我願的吃食大騙局，消費兩端彼此心知肚明，只要不被戳破，只要吃了不會馬上死掉，那就來吧，「美味湯頭」。

唉，如此也就枉費了熬大骨湯的那種時間入味的心意了！化學香料雖有合法添加的法條作為掩護，不管是做生意的人還是花錢消費的人，都說這年頭吃飽已經不容易了，說謊或被騙的背後各有委屈跟理由，但這些添加物是真的吃進肚子裡的啊，湊足體內腸胃的化學元素表之後，從嘴裡打嗝出來的氣味，應該也很悲傷吧！

老夫子，魚蛋米粉，我的香港鄉愁

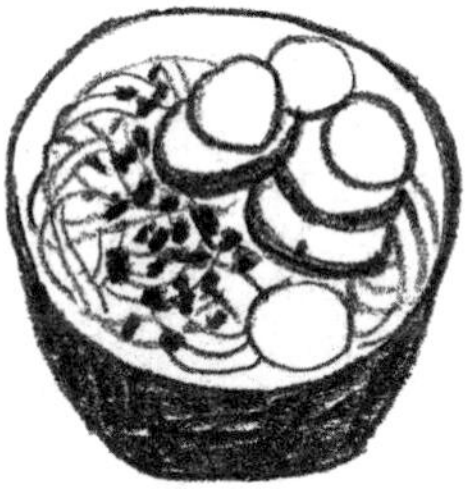

我對香港的記憶，最早來自老夫子，兒童樂園，以及姊妹。

在那個只有台鐵平快列車的年代，父親來到台北出差，會在重慶南路的騎樓柱子書報攤，幫我們帶回當期的《老夫子》與《兒童樂園》。王澤的四格漫畫，讓我認識了老夫子、秦先生、大蕃薯、陳小姐與趙先生，甚至懂得廣東話什麼叫做八婆。《老夫子》薄薄一冊，幾乎翻出紙張的粗糙纖維感，後來皇冠開始發行，才有紅色邊框的亮眼封面，印刷紙質較厚，不容易整本散開，有時候封底還會有瓊瑤電影的廣告。

《兒童樂園》也是薄薄一冊，屬於比較四方肥短的全彩開本，畫工很細，有國畫的潑墨風格，連載過《西遊記》，和一些短篇的西方童話寓言，最長壽的單元應該是〈小圓圓〉，後幾年則是轉載了日本的《哆啦A夢》，只是《哆啦A夢》的主角們輾轉從香港來到台灣，變成小叮噹、大雄、肥仔、牙擦仔和靜宜。

經由《老夫子》與《兒童樂園》的帶路，即使在台灣的戒嚴時期，出國除了工商考察名義，別想要去觀光的年代，仍然很期待跟著老夫子與秦先生和大蕃薯，一早去茶樓飲茶吃早點。茶樓推車賣蘿蔔糕、鳳爪、燒賣的服務生綁著長辮子，顧客嗓門很大，併桌也無問題……大抵香港的模樣，都跟隨老夫子的日常，慢慢勾勒出那個島的庶民百態。

大約小學五、六年級，學校附近的文具店開始販售《姊妹》雜誌，厚厚一冊，有香港演藝圈的消息，有電影小說，還有醫學保健常識，美容時尚訊息，以及那個年代很流行的交友園地。從《姊妹》雜誌認識不少邵氏、嘉禾明星，知道麗的電視，還知道肥肥主持的《歡樂今宵》，以及很紅的男歌星叫羅文。

大概 1989 年前後，我才有機會第一次踏上香港的土地，當時的國泰班機降落在啟德機場，我住在銅鑼灣的 Lee Garden 酒店，附近有個 Lee Lee 舞台，我還問了導遊，麗的電視會不會剛好也在附近？

那次的香港旅遊只有短短四天，每日只在商場購物，盯著櫥窗的舶來品，還去了海洋公園，夜裡搭渡輪到九龍的演藝廳看了兩場表演，除此之外，長年與老夫子相熟的香港模樣，沒機會見識到。

那幾年，因為工作結識不少香港朋友，歐美大企業的亞洲分公司幾乎都設在香港，他們都有時髦的英文名字，Stephen、Ringo、Allan、Sabrina……他們說很流利的英文，打扮得體，口才很好，紳士淑女的氣質，只說少少的中文，被母公司賦予的責任，就是照顧好所謂的大中華區市場。

大概在1992年底，我又去了一次香港，也是住在銅鑼灣，靠海的Park Lane酒店，幾乎天天去吃銅鑼灣SOGO百貨旁邊小巷一個魚蛋米粉小攤，湯清淡，少少幾片綠色青菜，魚蛋米粉的滋味讓我想起小時候讀過的《兒童樂園》，小圓圓好像也愛魚蛋米粉。

後來幾年，接近1997年回歸，那些工作上認識的香港朋友陸續都接受公司安排，可以選擇母公司所在國家或亞洲地區任何一個國家，透過工作資格申請，取得該國護照與居留身份。有人選擇了新加坡，有人選擇加拿大、倫敦、瑞士、慕尼黑，但是幾年之後，他們又回到香港工作，中文已經很流利了。

後來幾年，我瘋狂迷戀著香港電影，《胭脂扣》《女人四十》《男人四十》《重慶森林》《花樣年華》《無間道》……閱讀記憶裡的香港，漸漸醒了過來，那不是個只有舶來品與 shopping 的地方啊！

2001 年，被緊急徵召到香港幫一個基金會製作三本書，班機降落在赤鱲角機場，住在北角海逸酒店，酒店對面是香港殯儀館，地鐵站出口幾棟樓叫做模範邨。每天搭地鐵往返鰂魚涌和中環，早上走皇后大道中，到中環中心 19 樓上班，夜裡走在英皇道上，常去惠康超市買「出前一丁」泡麵當宵夜。中午隨便叫餐盒果腹，偶爾去對面登山電梯旁邊的潮州麵館，仍然愛吃魚蛋米粉，加了潮州老闆手作的辣椒醬，連吃好幾餐，都不膩。

香港的工作伙伴偶爾帶我們走一小段山頂樓梯去二樓書店，或吃大排檔的庶民菜色。基金會幫我們準備的下午茶有上環老店的波蘿油跟絲襪奶茶，有一次外帶了公仔麵覺得美味極了，然後想起小時候讀《老夫子》或《兒童樂園》，他們說三明治叫做三文治，因此去了茶餐廳也就貪心多點了一份雞蛋三文治。

我問香港同事，晚上可以搭雙層巴士去找如花跟十二少的石塘嘴嗎？她說那裡可能變成高架橋了。

張曼玉穿著旗袍在寫字樓打字的模樣，方展博的《大時代》，《無間道》黃警官常常去的頂樓天台……後來的香港電影好似被黑道與警察的勢力包圍了，還好有許鞍華導演留了一扇窗，看到《桃姐》的樣子，才猛然想起，有十幾年，沒去過香港了，我心愛的魚蛋米粉啊！

時常想起 1992 年，銅鑼灣的巷內小攤，那位說著廣東話與我比手劃腳的魚蛋米粉大叔，他的攤子緊靠著大樓建築工地，只是個攤子，一張桌子，幾張圓板凳，一碗魚蛋米粉只要幾塊錢港幣。大叔說，大樓蓋好，他們就會被趕走了，我邀他移民來台灣啊，台灣只有港式燒臘，還未有魚蛋米粉。

2001 年，結束基金會工作，即將離開香港的那個早晨，我搭地鐵到銅鑼灣，找尋記憶裡的建築工地跟魚蛋米粉攤子，那裡的街道已經變了樣，蓋好的大樓究竟在哪裡？大叔的攤子，應該早就消失了。

曾經跟朋友開玩笑說，倘若對香港有鄉愁，那必然是王家衛電影的關係，後來仔細想想，也不只王家衛，還有《老夫子》《兒童樂園》《姊妹》，港劇《大時代》的方展博，電影裡的十二少與如花，以及思念的魚蛋米粉。

以前總覺得，香港人好會做生意，這幾年覺得，香港人好剽悍，只要是示威遊行，就有辦法把街道塞滿，當許多人遺忘了六四，他們還是每年聚在一起紀念，然而那時唱著〈血染的風采〉的藝人，現在可能不一樣了。

那幾天，看著香港人佔領中環、銅鑼灣、旺角、金鐘，我想著記憶裡的《老夫子》《兒童樂園》《姊妹》，那些大排檔、三文治、波蘿油、茶樓茶餐廳和魚蛋米粉。

1993 年 6 月，Beyond 黃家駒在日本錄製遊戲節目發生意外當時，我在東京江古田的木造學生宿舍裡，看著電視新聞狂掉眼淚，21年經過，10萬香港人在金鐘街頭高舉手機燈光一起合唱Beyond的〈海闊天空〉。

沒想到台灣與香港必須面對同一個恐怖情人，想要分手就砍，要求信守承諾就餵你吃辣椒水外加催淚瓦斯，香港發生的事情，網路流傳的訊息言語，鮮明復刻了同一年三月我們在台灣經歷過的種種，對我來說，亦是情分與心境的一種鄉愁吧！

越來越不愛「吃到飽」，原來是我老了

年輕的時候，好愛「吃到飽」。

飯店自助餐，要吃到飽；下午茶甜點飲料，要吃到飽；蒙古烤肉，要吃到飽；日式燒肉，要吃到飽；自助式火鍋，要無限量肉片供應，吃到飽；熱炒，要吃到飽；牛排或披薩的沙拉吧，要吃到飽……出國旅行，最好行程包括飯店的晚餐吃到飽，早餐也吃到飽，去了北海道就是螃蟹吃到飽……

All you can eat、Buffet、食べ放題……不光是台灣人喜歡，外國人也愛。

既然付了錢，不只要吃到飽，還要吃到撐，吃到稍微打一個嗝，吃進去的東西就會湧到喉嚨附近再想辦法吞回去，吃到皮帶要放鬆兩格，吃到牛仔褲的釦子必須鬆開。最好是當天都空著肚子，或是前一天就開始減量，把胃的空間留給無限量供應的生蠔、牛排、生魚片……最好的戰略就是先吃沙拉涼拌冷盤，再來熟食掃一輪，各式湯品都來一盅，甜點收尾還不夠，要有冰淇淋好幾球，飲料無限暢飲才行。熱量醣分膽固醇跟血壓的問題完全無視，一旦進入「吃到飽」的境界，那些健康養生的顧慮，都比不上搶奪食物來得刺激。

啊，年輕的時候，真的好愛「吃到飽」，尤其是別人買單請客的吃到飽最銷魂，如果是自己買單，更要吃到夠本，而且還不只是夠本，最好是翻好幾倍才行。

那時候的「吃到飽」戰鬥力真的很強，拿著盤子來回十幾趟都還有把球打到全壘打牆外的實力，就算吃到甜點的階段了，還是可以從前面的沙拉冷盤再重新 run 一遍，彷彿先發投手到了九局還有 150 公里的球速，那真是形同一軍固定先發的實力顛峰啊！

當時，不用擔心熱量過高，不用擔心脂肪囤積，不用害怕生蠔吃太多會怎樣，就算吃壞肚子腹瀉，反正吃飽也爽過了，算有賺到。

那些年深愛的「吃到飽」用餐模式，大抵是以「划不划算」的心態在狂吃，只要有「賺到」的幸福感就好了，至於供餐者是不是提供了那麼多物超所值的食材，有沒有辦法支撐下去，那又是另一個經營層面的機密。

大概從三十歲後半開始，所謂的「吃到飽」戰鬥力就已經逐漸下滑，如果連續兩餐都是「吃到飽」自助餐，或是旅行的行程餐餐都是「吃到飽」，好像也不會特別期待，也不會有行程安排真是「豪華」的幸福感，反倒開始懷疑自己該不會是豬吧，這樣大量餵食，是打算趴在廟會供桌上嗎？

雖然，吃到飽的形式還是很受歡迎，定價越來越高，遇到重要節日，訂位依然很競爭，某些熱門餐廳，假日搶手的程度，不下於五月天演唱會的搶票盛況。

最近有一次家族聚會，又見識到台灣消費者對於「吃到飽」的恐怖戰鬥力，即使有事先訂位，到了餐廳開始營業的時間，電梯門一打開，還是被嚇到。

餐廳入口處，擁擠的人潮，嘈雜的分貝，小孩的尖叫，大人的抱怨……客人無論如何都擠壓在排隊線的這頭想要往前衝，而餐廳方面則是無論如何都不讓人入場，這到底是怎麼了？

就算有事先訂位，還是要排隊等待，工作人員逐一核對訂位代號與人數，兒童一個一個抓到櫃臺旁邊的身高刻度旁，證明自己是半價絕無欺瞞，資料核對無誤，一一唱名點人頭，才能放人。確認座位之後，立刻開啟戰鬥模式，隨即進行熱門餐點的搶食行動。生魚片，秒殺，生蠔，秒殺，牛排，秒殺……已經進場的，開始兩個小時取餐用餐的限時大作戰；等待進場的，則是揮著手上的號碼牌，感覺就像

1950年國民黨大撤退，人民搭船逃難的碼頭，一堆人揮著手上的船票，一旦上不了船艙，人生就毀了。

吃完冷盤菜色，一片薄薄的牛肉，幾塊生魚片，就已經呈現飽足感，我完全變成一個投不滿五局就被KO下場的失格先發投手，距離全盛時期完投完封的續航力已經差太多了。就好像以前吃西餐，一路從濃湯、沙拉、麵包、牛排，吃到甜點蛋糕，最後以飲料收尾，倘若再來一客冰淇淋都沒問題，現在則是喝完湯、吃完沙拉和麵包，就已經飽了，勉強把牛排吃完，蛋糕是不可能了，飲料再沖刷下去，應該就爆炸了吧！

已經到了對熱量、脂肪、膽固醇、醣分都不得不斤斤計較的年紀了，半飽剛好，八分飽是極限，所謂「吃到飽」的能力，則像流逝的青春與遠去的膠原蛋白一樣，回不來了，吃到飽的戰場，已經是遙遠的甲子園了。

過於夢幻的賞味期限

「對於市售食品標示的『賞味期限』，你有什麼看法？」

最近，常常自問自答。我必須坦承，對於「賞味期限」，確實存在過於夢幻美好的想法，甚至產生病態的依賴。賞味期限的長短，曾經是我選購食材的標準，即使到現在，在瞬間必須做決定的幾秒間，仍然會陷入迷思。

雖然，賞味期限的說法來自日本，可是這四個漢字看起來並沒有語言隔閡的問題。過去台灣食品業還沒有標示賞味期限的規定，甚至連生產日期都很少誠實告知消費者。那時，我們站在超商超市的貨架前，喔，不對，可能只是柑仔店老闆直接把商品遞給我們，我們到底依照什麼標準來決定要不要買？要買哪個牌子？買回家之後，在多長的期限之內必須完食？或者根本沒想那麼多，就讓它們在冰箱裡面默默腐敗發霉變質，某一天驚覺它們的存在，如果還能吃，就繼續吃，不能吃，就丟棄。

我先坦白自省，過去有很長一段時間，如果去超商買鮮奶豆漿，會挑選製造日期最靠近的，賞味期限比較長的那一款，同樣品牌同樣價位的，就想辦法取走10天後到期的，而不會拿2天後到期的，甚至會想辦伸手挖到冷藏櫃深處，把店員處心積慮按照時間序列排好的隊形，徹底破壞。

選購盒裝豆腐豆干或雞蛋的時候，一定挑選保存期限比較長的，冷凍水餃也比照辦理。

我相信很多人和我一樣，採買加工食品的剎那間，很直覺的反應，就是這東西要新鮮，最好當日出廠，也要能夠放得久。

如果食品標示的賞味期限不長，會誤以為這東西不好，一下子就壞掉，那可不行，放棄吧，我們無緣。

可是我最近一直在檢討自己對於賞味期限的依賴和迷思，這當中一定出了什麼問題。

首先，我們把製造、購買到吃進肚子的這段旅程，從每天的小旅行，拉到長天數的跋涉，而且終點是越遠越好。古老年代的家庭可能沒有冰箱，而且家庭主婦習慣當日採買當日烹煮，頂多就是食用油與醬油等調味醬料才會有保存的問題。現在不一樣了，多數家庭都是一週或兩週採買一次，冰箱也夠大，就算網路訂購生鮮冷凍食品，也有冷藏冷凍車宅配，所以就必須顧及到青菜蔬果能不能「久放」，牛奶豆漿飲料的保存期限夠不夠長，加工食品有沒有辦法撐很久還保持原本的風味，甚至要顧慮到未來的一週到兩週之間，糧食夠不夠？可以簡單調理可以快速應急的加工速食充分嗎？如此一來，冰箱變成賞味期限的競技場，畢竟什麼時候要吃什麼東西，完全無法預期，所以就先發、中繼、後援投手，一併叫到牛棚熱身，永遠保持隨時可以上場的程度。因此，賞味期限變成競爭力的一種，這是消費習慣使然，我們面對食物的態度已經徹底改變。

問題來了，蔬菜水果以其本質與栽培和季節因素，原本就有保存保鮮的各種難度，「盡快吃完」「趁新鮮吃」絕對是要訣；至於加工食品，如果要滿足消費者對於賞味期限的挑剔，最省事的方法，就是化學添加。

只要產品的成分標示出現許多化學專有名詞，可別以自己在學校的化學成績不好作為藉口就輕易漠視，那些添加物除了讓加工食品色澤更美、口味更佳之外，還有一項魔力，就是有辦法讓它們在這世間活存得更久而不腐敗，然後食品大廠跟政府權責單位會告訴我們，那是合法添加物，不用過於恐慌。

對於賞味期限的迷思，還有一個例子，就是糕餅甜點。舉凡訂婚結婚的傳統漢餅，中秋月餅，生日彌月蛋糕，大家介意的，仍然是賞味期限夠不夠長的問題，如果有辦法放得久，好像在競爭力上面取得一些領先的好感，要是賞味期限不長，在採買的時候就會有點猶豫。譬如，家人會用讚賞的口氣說，「這個餅不錯，從中秋放到現在都沒有壞」，或說，「這家的產品很厲害，可以放一個月，真不簡單。」

也許，我們對於什麼時候要吃什麼，太沒有把握了，因此，把加工食品囤積起來，塞進冰箱，就以為能夠天荒地老。端午的粽子放到中秋，中秋的月餅放到過年，過年的年糕放到清明，類似這樣的食品壽命，最好，那是一種夢幻的安心感。

最近這幾年，我開始檢討自己對於賞味期限標示的態度，如果不是有絕對把握能夠在最快期限內完食的醬料或加工食品，就盡量不採買，即使它們的標示夠長遠，也不要高估自己的記性，畢竟多數的瓶罐醬料跟冷藏冷凍加工食品，有很大機率是在冰箱裡面默默過期，成為廚餘垃圾。

想辦法約束自己，採買的青菜蔬果肉類魚類沒有吃完之前，不會重複採買囤積，但這樣的作法必須有很好的自制力跟掌控力，突然出現存糧空窗期的時候，起碼還要有醬油烏醋麻油乾拌麵條這招，還不至於餓死。

某一次食品展，發現京都老舖醃漬的醬菜，保存期限竟然只有一個禮拜，跟店家提到這個問題，日本來的師傅想了一下，「好吃的東西，不是應該快點吃掉嘛！」他進一步解釋，純天然食材必須趁早食用，這才是善待食物的方法，而不是想辦法讓它們不會壞掉。

恍然大悟啊，當時簡直五雷轟頂，是這樣沒錯，我這蠢蛋。

捨棄過於夢幻的賞味期限，不過份囤積，畢竟時光飛逝的速度往往超乎預期。不信你去翻一下家裡的冰箱，有多少過期一年或兩年的醬料跟加工食品，當初將它們買回家的時候，不都是信誓旦旦彼此相愛可以長期交往才去結帳的嘛，是該好好檢討，不要太倚賴賞味期限的神話，起碼不要讓自己變成對食物絕情的人啊！

● 親愛的米粉

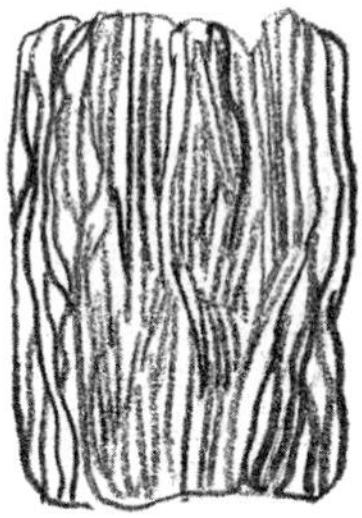

沒有米的米粉可以稱之為米粉嗎？玉米澱粉製作的米粉還是米粉嗎？

政府的米粉政策，堅持不到24小時就破功，民代與廠商出來捍衛米粉的命名權，消費者說喜歡Q彈口感而且已經吃習慣了所以也無所謂，於是，堅持用百分百純米製造的米粉商在這個年代就成為傳奇了，對於台灣米粉這一路以來的迷航，身為消費者，我也有一些懺悔。

我是個愛吃米粉的人，對米粉有接近於偏執的喜好，如果去麵攤，選擇肉燥米粉湯的機率大過陽春麵；如果吃台南人辦喜事的滷麵，選擇米粉的機率也大過黃色油麵。家族裡的眾多女眷長輩都很會炒米粉，我也學得一手炒米粉的功夫。炒米粉不只是料理還是款待的心意，拜拜過節炒米粉，家裡請客也炒米粉，廟會炒米粉，選舉的場子也炒米粉，配料不拘，既可澎湃又可隨性，炒米粉堪稱最能炒熱氣氛、既 high 又熱鬧又充滿謝意與幸福感的庶民美食。

小學時期，學校有位牛奶阿伯負責在上午第二節下課送玻璃瓶牛奶到教室，牛奶阿伯後來擴充他的營業版圖，在靠近後門的校舍旁邊搭建了麵攤，賣米粉羹和肉燥麵，那裡吃到的米粉羹成為我這輩子對羹類料理的味覺啟蒙，絕對穩坐第一名的傳奇地位。

開始離鄉讀書之後，很愛某速食麵大廠的肉燥米粉，尤其在多雨潮濕的淡水，深夜的女生宿舍，肚子餓的時候，找一個大碗，一包肉燥米粉，飲水機熱水一沖，筆記本拿來當碗蓋，幾分鐘，呼嚕呼嚕，香氣四溢，寢室幾乎要暴動。

記憶裡的米粉，有米的香氣與自然的鬆軟，湯汁滲入米粉的毛細孔之中，米粉毛細孔吸飽湯汁精華，隨即回饋到唇齒之間，那是品嚐米粉最讓人激動的時刻。總以為自己跟米粉之間，就會這樣彼此信任扶持，就算年老之後，變成沒有牙齒的老婆婆，也要相挺下去。

沒想到，幾十年經過，渾然不知，米粉的江湖裡，早就展開米和玉米澱粉的廝殺對決。如同許多傳統料理一樣，之所以美味是因為每個步驟都要遵循祖先的古法，要「頂真」，不可「偷吃步」。可是倚賴添加物好像可以省下金錢、時間與人力成本，有修飾效果的玉米澱粉造就了口感Q彈的米粉神話，而口感Q彈竟然成為米粉好不好吃的標準，可是，米的香氣呢？米的香氣到哪裡去了？

消費者被迷惑了，久煮不爛的米粉才是好米粉，不斷拌炒還不會斷掉的米粉才是頂級貨，就連知名廚師都耳提面命，炒米粉之前要經過浸泡或滾水燙過，我們好愛那種煮不爛的米粉，好愛Q彈媲美橡皮筋的口感，我們被寵壞的同時，還成為廠商以玉米澱粉替代純米的藉口，而且理直氣壯，沒得商量。

我自己也是，過去有好幾年，懶得熬湯就加化學湯塊調味，認為橘黃色「ㄉㄨㄞ、ㄉㄨㄞ」的外表才是布丁的本命，忽略了新鮮的重要性而在意保存期限到底夠不夠久，買東西不看成分標示，只要滋味夠、口感好，就算化學添加物一大堆也想說自己不會那麼倒楣，反正要死大家一起死。

我失去對食材的關愛，同時也失去吃米粉的感動。直到，米粉光有嚼勁卻沒有米的滋味，直到，不小心泡得過久的速食肉燥米粉，咬起來竟然跟橡皮筋一樣剛強……終於恍然大悟，如我這樣的消費者，加深了米粉與米的分手理由，不僅將他們推向訣別的懸崖邊，還補上一腳，所以米粉另結新歡，移情別戀愛上玉米澱粉。

廠商店家說他們為了迎合消費者口味也沒辦法，因為銷售數字說明了一切，除了米粉之外還有許多食品成分也顯示多數消費者根本不在意將肚子當成化學實驗室，商品成分標示成為化學名詞的同樂會，修飾澱粉也就變成米粉好吃的秘密武器。

可是，像我這樣的消費者對米粉產生迷惑與絕情的同時，仍然有堅持用百分之百純米、遵循祖先古法製作的廠商並沒有放棄，當我有機會跟純米米粉重逢，重新嚐到兒時吃米粉湯、米粉羹、炒米粉那種滿口米香、口感溫潤、廣納湯汁配料的香氣味道融為一體的滋味時，那瞬間，千頭萬緒啊～～親愛的米粉，我真是對不起你！

炒米粉需要功夫，米粉湯與米粉羹需要對米粉軟硬度的理解，這是烹調的心意，無法草率。

純米米粉不需過度烹調，也不必浸泡，內外紮實的純真體質，就有辦法把配料湯汁的精髓都吸收進來。我們疏忽了烹調的訣竅與心意，卻反過頭來要求米粉必須Q彈不爛，那真是對米粉最大的背叛啊！

幾年以來的迷航，因為重新吃到純米米粉而有機會進行一場誠摯的懺悔與反省。多數廠商或者基於成本考量和製作程序的方便而犧牲了米的比重，消費者也可能因為口感而放棄對原料的計較，每個人對自己吃進肚子裡的食材都可以做出選擇，也必須對自己的選擇負責，不過，只要堅持純米製作的米粉廠商繼續堅持下去，我就一定支持到底。

親愛的米粉，百分之百純米製作的米粉，我們一定要白頭偕老喔！

小而嗆辣的台灣蒜頭正「得時」

台灣話形容所謂「應景」「盛產」，亦即所謂「大出」的蔬果食材，稱之為「得時」，吃「得時」的食物，價格便宜，品質好，也有配合四季節氣藉以調整體質的智慧。譬如五、六月豐收的台灣蒜頭，就很「得時」，不但便宜，而且可以久放，放到年底11月都不易發芽。尤其台灣蒜頭顆粒雖小巧，但一小顆就嗆辣濃郁。那些進口蒜頭即使大顆飽滿，卻無味，在台灣蒜頭面前，只是以外表塊頭取勝，就算拎著棒子走上打擊區，聲勢很嚇人，但頻頻揮空棒，不像台灣蒜頭，揮棒速度快、又能擊中甜蜜點、又是跑壘速度驚人的「俊足」，這時候多採購台灣蒜頭，多以蒜頭入菜，絕對「得時」。

小時候，我不愛蒜頭，尤其母親炒菜喜歡拍打一、兩顆蒜頭，先下油鍋，加鹽巴爆香，當時還是小屁孩的我，總是把那些支離破碎的蒜頭撥到盤子邊緣，萬一不慎吃到，會覺得糟透了，滿嘴蒜味，很不舒服。

不過，詭異的是，我卻很愛吃生的蒜頭剁碎之後加入醬油，用來沾清燙過的五花肉、花枝小管或竹筍，生的蒜頭泡在醬油裡，不管是醬油還是蒜頭的生命都昇華進入另一個境界。尤其那農曆年拜拜過的「鹹粿」切片油煎之後，沾蒜頭醬油簡直是絕配，都不曉得到底是為了吃鹹粿才沾蒜頭醬油，還是想吃蒜頭醬油才多吃幾塊鹹粿，總之，蒜頭醬油在沾醬界，絕對是不可忽視的狠角色。

自從知道蒜頭有殺菌作用，每次將生蒜頭在口裡咀嚼，吞下肚之後，會想像蒜頭部隊從口腔、喉嚨、食道，一路殺菌殺到肚子裡，頗有暢快的成就感，對蒜頭也就充滿敬意。

三姑生前住在鄰近南鯤鯓的二重港，附近有相當知名的烏腳病院，以前還有位知名畫家「洪通」也算隔壁村鄰居。姑丈顧魚塭，三姑種蒜頭，那裡屬於鹽分地帶，種出來的蒜頭特別嗆，外層薄膜有淡淡的紫紅色，但還不到紅蔥頭那麼濃郁的色澤。三姑每隔一段時間就會搭興南客運進城，將蒜頭連梗用紅色塑膠繩綁成一捆，就那樣拎在手上，當作伴手禮送到家裡來，透早出門，吃過午飯才離開。母親會把整捆蒜頭吊在窗邊吹涼風，之後再找一天，將蒜頭剝成小顆粒，鋪在竹編蔞子裡，放在庭院地上吹風曬太陽。總之，三姑帶來的蒜頭，可以吃很久，總是蒜頭庫存還未見底，她又會拎著蒜頭搭興南客運從二重港進城，形同古老形態的宅配。三姑過世之後，三姑的大兒子繼續種蒜頭，二兒子開車送到家，我家餐桌習慣的蒜頭味，都有二重港泥土的氣味。

傳統市場除了賣帶梗的蒜頭，也有剝成小顆粒販售，台南崇誨空軍市場有個賣蒜頭的攤子，一年四季都一樣，一張折疊桌，幾張圓板凳，三、四個女人圍著桌邊，用小剪刀幫蒜頭除「膜」，除過膜的蒜頭呈現淡淡黃色，光溜溜的，非常可愛。因為都是手工作業，所以價錢貴一些，但是負責除膜的人，一邊工作一邊聊天，冬天穿暖一點，夏天靠大陽傘遮蔭，這樣也過了十數年，幫蒜頭除膜成為人生專業，恬淡的職人境界。

人到中年，跟蒜頭的相處也沒偏見了，炒菜爆香的蒜頭再也不會撥到盤子邊，而是跟青菜一起吃光光。空心菜或蕃薯葉等綠色葉菜清燙過後，就用生蒜頭與醬油麻油拌一拌，同樣的蒜頭、醬油、麻油組合，還可以做乾拌麵。夏天做蒜泥白肉，或蒜頭清蒸魚，不用起油鍋，廚房也就不燥熱。或整顆蒜頭不剁碎也不切片，用小剪刀去除外膜，拿來煮蜆仔雞湯，無須調味，湯就很鮮美，蒜頭經過水煮，已經沒有嗆味，吃起來類似鬆軟的馬鈴薯口感，那滋味根本是銷魂。也可以將蒜頭切成薄片，慢火煎或烤成金黃酥脆狀，搭配西式排餐料理，也是不錯的烹調方法。

台灣蒜頭，得時，又便宜，又有那種與台灣命格相符的小而嗆辣、不妥協的個性，台灣土地栽種出來的蒜頭，最合台灣人的胃口。既然盛產，自己人當然要相挺，不能讓價格崩跌，也不要讓蒜農失去栽種蒜頭的意志，畢竟，小而嗆辣，就是拿來跟進口蒜頭對決的關鍵武器啊！

回不去的鮮奶消費年代

因為「全民滅頂」的抵制行動，導致原本銷售量排名第一的鮮奶品牌成為眾矢之的，對大廠或國家認證的產品失去信心之後，消費者轉而搶購小酪農的獨立品牌。一些有機店或有口碑的牧場鮮乳變成大熱門，沒有預約，還真的買不到。有人在網路提供一張台灣各農場鮮乳的分佈標示圖，呼籲網友就近採買消費，支持本地酪農，減少運送成本。看到那張地圖，記憶一下子拉回到小時候。

像我這個世代，大概都是吃母奶長大的，學齡前，喝過沖泡式的克寧或紅牛奶粉，後來住家附近有小型牧場，就開始跟牧場訂牛奶。一大清早，在路上奔波的機車除了送報生還有送牛奶的阿伯，牛奶都是用玻璃瓶裝，微熱，以圓形硬紙板密封，上面再封一層透明塑膠紙。

從小學到高中畢業的那十幾年，每天早晨的清醒儀式，都是在送報與送牛奶的兩梯次摩托車聲中醒來。喝完的玻璃牛奶瓶，隔天清晨再交還給牛奶阿伯送回牧場清洗消毒，重複使用。

那個年代的牛奶只有一種口味，直到食品大廠出現，才有果汁、巧克力、蘋果牛奶等選項，一開始也是玻璃罐裝，後來才陸續出現紙盒包裝。

漸漸地，小型酪農紛紛轉型供乳給大食品廠，街角連鎖超商與大賣場淘汰了清晨送牛奶的阿伯，為了濃純香，為了營養美容或顧膝蓋，牛奶變成添加物的實驗場。鮮奶的定價結構中，包含運送成本，還要支付販售通路的人事成本，更要讓食品大廠可以賺到豐厚的獲利。不只鮮奶，所有食品產業都避免不了走上這條不歸路，為了省錢、為了省時，原料油脂醬料有大盤商通路供貨，至於消費者一旦成癮就無法戒掉的各種速食味道，無須費心烹調，食品化工業都可以一次滿足，而且很便宜。

過去在街角賣紅茶，店家會自己煮茶熬糖汁，現在只要跟加盟主叫貨就好；以前做便當的會自己爆豬油炒肉燥，現在跟大盤叫整桶的比較划算；古老的餅鋪自己動手做費時費工的紅豆餡，現在有廠商專門提供紅豆餡不必太費心；老派的火鍋店自己熬湯底自己做沙茶醬，現在加盟主告訴你怎麼用湯粉沖泡，管他養生或麻辣或海鮮湯頭，全部都沒問題。

幾波食安問題下來，一些頑固老店反倒成為少數能夠全身而退的奇蹟，快速展店加盟的連鎖企業反而一再踢到鐵板。

為了便利，為了省時，為了符合經濟體系的分工效益，那些雜誌報紙歌頌的成功企業老闆突然變成黑心大野狼，已經不是「有錢人和我們想的不一樣」的層次了，是整個台灣食品產業進入一種毒死別人好像也沒關係，毒死別人也不必判重刑的異次元，只要不是立即致死就可過關，有問題的產品一旦特價促銷，買氣照樣回籠，所以事件發生當時的氣憤到底算什麼。

鮮奶的產銷失衡，背負了這一連串食安問題的原罪，所有跟鮮奶一樣走上不歸路的食品生產消費習慣，好像都回不去了，一旦之中的某個做決策的環節出現惡意與私心，崩壞的連鎖就像骨牌效應一樣，看不到盡頭。

有沒有辦法回到古老年代，就近的小酪農牧場，清晨配送，在地消費呢？不只鮮奶，還有台灣人的吃食消費習慣也應該徹底檢討了。要求的便利越多，失去的健康越無法挽回，這陣子，真的受夠了。

四、自慢滋味

茄子的淡淡憂傷

應該是去年夏天吧，颱風過後的某日，與傳統市場賣菜的老闆娘，站在菜格子旁邊，討論一則新聞。

傳統市場買菜，素顏即可，以輕便寬鬆、足以快速揀選蔬果魚肉熟食的裝扮為佳，因此菜市場的交情，堪稱素顏往來的等級，偶爾淡妝或盛裝前去，熟識的攤商不約而同的說詞皆是，「今天要去喝喜酒嗎？」

好吧，回到那天，我跟老闆娘討論的新聞內容，不是颱風大雨過後的菜價問題，而是有媒體針對12歲以下孩童進行調查，發現孩童最討厭的蔬菜排名前三名，分別是茄子、苦瓜、秋葵。

小時候我也不愛茄子，總覺得煮爛之後的茄子很像黏黏的鼻涕，而沒有煮爛的茄子咬起來像保麗龍。對於苦瓜更是懼怕，尤其母親喜歡用黑色豆豉將苦瓜慢火燜熟，當時根本不知「成熟大人的醍醐甘醇味覺喜好」，總覺得這道菜是用來懲罰小孩的，連筷子都不敢靠近。至於秋葵的出現，已經是長大以後的事情了，基於健康的理由，過去孩童時期懼怕的茄子與苦瓜，都跟著秋葵迅速升級進入「既然有益健康那也就多少吃一些」的養生清單裡面，歲月與變老果然讓人口味改變，吃著吃著就培養出感情，也就變得美味，真不可思議。

那位聽到「討厭蔬菜排行榜」的菜攤老闆娘簡直忿忿不平，「第一名是茄子？怎麼可能，茄子這麼棒，真是冤枉！」果真老闆娘抓在手裡的茄子，又紫又亮，調色盤或修圖軟體都調配不出來的色澤，從此以後，為了挺老闆娘，三不五時，就會挑一條瘦長纖細的台灣版茄子，或是圓潤矮肥的日本茄子去結帳，至少表態跟老闆娘同屬茄子後援會的成員，為茄子的命運平反，盡一份心力。

然而，茄子天生就是默默成長默默上架的那種淡淡憂鬱命格，美食料理節目往往教人用「過油」的方式料理，保持茄子的亮度與口感，可是我不愛「過油」的烹調方式，畢竟那半鍋油，「過完」之後，即使拿來少量炒菜，也要消化好久，何況不忍心讓茄子「下油鍋」，畢竟那是酷刑，光是想像，都覺得痛苦。

以前看過日本料理節目將京都茄子剖開成兩艘小船的模樣，白色內心那一側，塗一層薄薄的味噌，放進烤箱，小火烤，烤過之後，用小湯匙挖來吃，綿綿絨絨的口感，非常美味。

如果是台灣瘦長型的茄子，就切成段或厚片，以少許麻油蒜頭醬油拌炒，加水悶軟，起鍋之前，灑一把九層塔與蔥花，顏色很飽和，彷彿熱鬧的辛香小聚會。

如果是夏天，就直接將茄子滾刀切塊之後，放進烤箱，幾分鐘就好，再沾蒜頭醬油吃，很清爽。

我喜歡清淡的茄子，清淡之中，自有茄子原本的甜意，吃進嘴裡，彷彿同理了茄子不被小孩喜愛的淡淡憂鬱。

不過，一向過得低調的茄子，因為官員一席「粽子太貴，就吃茄子」的發言，突然成為話題，而茄子在端午盛產的情報也浮出檯面了，彷彿有了新的「歷史定位」。所以，這天的午餐沒有吃粽子，倒是烤了茄子，反正天熱，那就稍微放涼，再沾醬吃。沾醬是蒜頭壓過切碎，加上昆布醬油與冷壓亞麻仁油一起調勻，最近台灣蒜頭便宜，又嗆辣且不易發芽，跟茄子來個相依偎，也就不那麼憂鬱了。

也是看了這幾日新聞才知道端午時節有台語俗諺說，吃了茄子會「秋條」，台灣話「秋條」意境很深奧，跟「唱秋」的境界不同，甚至用字是不是如此都沒把握，總之，日子也夠悶，那就一起來吃茄子「秋條」一下吧！

月領11K 那些年的寂寞超市滋味

剛從學校畢業那年，租屋在市區頂樓加蓋的小房間，房東太太只給一個單口瓦斯爐，那時候最常做的料理，就是湯麵。

當時台北市區還沒有捷運，下班搭公車返家，常常塞在路上，動彈不得，從基隆路到連雲街，幾乎要花一個半小時或更久，下車的時間，往往接近七點鐘。站牌附近有生鮮超市，買了盒裝豬肉片，一把青菜，回家就用小鍋煮麵，用沙茶醬調味，那樣吃了好久，都不膩，不曉得是怎樣的耐性與精神戰力。畢竟那時候的底薪不到11K，如果不靠吃食省錢，也真的沒辦法在台北過活。

後來搬家，跟同學一起合租潮州街的老公寓，廚房是那種老派磨石子的廚台，要說廚台，好像又太過時髦，感覺比較像「灶」，但明明有瓦斯爐，卻有灶的感覺，應該是磨石子的關係。

那廚房沒有抽油煙機，只有一扇往外推的窗，和一個嵌在氣窗上面的排風扇，因此烹煮的時候很少起油鍋，仍然是湯麵，或醬油烏醋香油做成乾拌麵，倘若有魚或青菜，就蒸，或清燙。

偶爾炒菜，只能開窗，盡量不要大火，否則，那些油膩好像就沾黏在排風扇的扇葉，久而久之，積成厚厚的油漬，冬天來了，凝結成固狀的深褐色，很怕自燃，每次做菜都提心吊膽。

那時候的膽子小，臉皮也薄，不懂得跟房東爭取什麼，開伙就那麼克難。下班後，唯一能買菜的地方，也就剩下百貨公司地下室的生鮮超市了，而那百貨公司的生意一點都不好，看起來隨時都會倒閉。

當時料理烹調的手藝也不行，湯麵變成晚餐的修行，遇到稍有涼意的天氣，一個人走路回家，高跟鞋又有點磨腳，走著走著，覺得自己好可憐，那可憐的瞬間，就會想要吃點熱的東西，最好有鍋，有湯，有點辣。

超市買來盒裝韓國泡菜，一盒去骨雞腿肉切塊，加上真空包裝的金針菇，小湯鍋水滾之後，先把一半份量的泡菜與雞腿肉放下去，熬煮出味道，再加入金針菇，起鍋之前，再放另一半泡菜，完全不用其他調味料，酸酸辣辣，熱情如火。

先放一半泡菜，是為了熬出湯底的滋味，最後再放剩下的一半泡菜，是貪圖火辣的色澤與爽脆的泡菜嚼感。

就這樣，一個人端著鍋子，蹲坐在客廳的矮腳桌旁，一邊看電視，一邊呼嚕呼嚕吃完，頗有療癒效果，可見當時的自己多麼容易討好。

超市也買得到鮮木耳，洗淨切成絲，嫩薑也切絲，份量大概一比一，再加上超市處理好的豬肉絲，先用少許油把薑絲爆香，再加肉絲與木耳，少許鹽巴與醬油調味，重點來了，白醋，糯米醋，烏醋，任何醋，越多越好，炒成酸酸脆脆的口感，又有嫩薑特別清甜的辣勁，熱吃適合，冷了就當陪襯啤酒的小菜。

超市生鮮櫃，靠近生魚片的地方，一定會有生魚片處理過後，另外盒裝的魚頭魚骨或魚下巴，價格都很便宜。我常常在超市買這類的魚頭魚骨魚下巴，煮薑絲魚湯，或「敷」上一層薄薄的濕豆豉，大火蒸十分鐘，裝盤之後，氣勢頗好，完全看不出是從高價生魚片切割下來的小小恩惠。

那幾年，也就是靠這幾道帶著寂寞的超市滋味，有了加菜的小情意。而那家站牌旁邊的百貨公司果然歇業了，但是超市挺過第二個十年，依然安好。我遷離那個區域很多年了，偶爾搭車經過，發現那超市的招牌還在，會覺得心頭特別溫暖。

刻苦耐勞吃了幾年的湯麵與超市廉價食材，已經有了共度難關的革命情感，有時候，還是會煮來回味一番，畢竟，一起撐過拮据的日子，即使是不起眼的菜色，也是人間美味了。

● 進擊的煎魚一定要「赤赤」

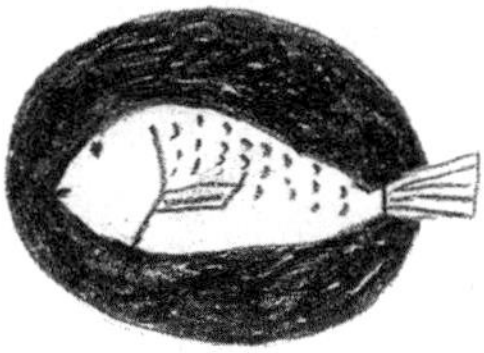

阿母有交代，煎魚一定要煎到外皮「赤赤」，有點酥脆，卻不至於燒焦，燒焦就是台灣話說的「臭火乾」，「赤赤」跟「臭火乾」不同，「赤赤」有香氣，「臭火乾」有苦味，即使外表「赤赤」，肉質還是必須保持軟嫩，絕對不能「柴」掉。

南部人喜歡吃小型魚，俗稱「幼魚仔」，倒也不是指那種還沒長大的魚，而是原本就屬於迷你體型，很「幼秀」的嫩魚，譬如野生小黃魚、午仔、肉魚、赤鯮。北部少見這種迷你體型的「幼魚仔」，多數是大型魚，好像相撲選手。

但是像我這種愛吃「幼魚仔」的人，一旦在魚販的碎冰平台發現體型迷你的幼魚仔，就好像職棒總教練在選秀會遇到甲子園「大物」一樣，眼睛瞬間發亮，無論如何。都要帶幾尾回來。

這種魚，通常多刺，最好保持頭尾完整，抹鹽巴乾煎即可。譬如學名叫做沙梭魚的「沙糖仔」，煎起來很費工，有人直接裹粉炸，我不喜歡油炸的烹調方式，也覺得裹粉油炸好像沒有正面對決的氣魄，所以，就努力練習煎魚的功夫，其難度就好比投手鑽研蝴蝶球一樣，旁人的提示固然重要，倘若沒有親自下去苦練，還是沒辦法抓到竅門。

煎魚這種事情，不單純是「煎」的功夫，鍋子也是關鍵，沒有跟一個鍋子相處過一段時間，就沒能掌握鍋子的脾氣，怎樣的火候，怎樣的油溫，鍋子的材質不同，對應油溫的脾氣就不同。

其實也用過所謂的不沾鍋，雖然煎魚成功的機率很高，但是煎出來的魚，顯得矯情，好像做過微整型，不算渾然天成。何況，不沾鍋的體質嬌弱，稍微刺激，鍋子就破皮，據說破皮的塗層對人體不好。因此，對不沾鍋早已死心，還是回頭用所謂的「阿嬤牌炒菜鍋」，鍋鏟如何刺激都不受傷害，一旦沾鍋也只要泡水軟化，努力來回刷幾下就清潔了，這種粗勇的韌性，才是煎魚最好的修煉場。

也不是一開始就有辦法煎得好，沒等到鍋熱油熱就倉促下鍋，又因為欠缺耐心，太早翻面，結果就是皮肉分離，像犯罪手法拙劣的命案現場。

不就是很簡單的SOP嘛，鍋要熱，油要熱，鍋面冒出白煙之後，將抹過鹽巴的魚平躺在掌心，拭去多餘水分，再「徒手」抓住魚尾巴，以接近鍋面的高度緩緩滑入熱油中，越是接近「油面」，濺起來的油花越少，倘若因為害怕，高空就急忙脫手，反而容易被油濺傷，這是實戰經驗，也是訣竅。

如果像沙梭一樣的小魚，就用不銹鋼夾，從鍋底正中心，逐漸往兩邊並排，但不鎊鋼夾是給生手暫時頂住的「輔具」，當真熟練了，還是「徒手」比較過癮。

至於翻面的時機，要靠一些嗅覺的本事，空氣之中逐漸飄散著最低程度的焦味，大概就可以準備翻面了，倘若焦味明顯，有時候也會來不及，這焦味的輕重拿捏，說穿了，就是經驗。

多經歷幾次皮肉分離的慘狀，每次檢討下鍋與翻面的時間點，每次的失敗都要成為進擊的元素，才有辦法完成金黃魚皮的「赤赤」境界。

所謂「赤赤」，台語發音，最能形容煎魚的色澤與油份適切的口感，倘若用國語發音，意境稍弱，好像放久了，受潮，油份凝結，失去某部分的風華。

天涼的時候，尤其想吃鹽巴乾煎魚，這日正午，抽油煙機轟轟轟，猶如高喊口號的加油部隊，今日煎魚的手氣好，翻身的時機也恰到好處，「赤赤」的魚皮，完滿的黃金比例。

搭配番茄炒蛋，撒了一些海苔粉，沒想到滋味很搭。

另一盤配菜是山東白菜切絲，紅蘿蔔切絲，豆皮切成細長條，低溫慢火拌炒，保留青菜的脆度，熄火之後，加一點昆布醬油和芝麻香油，放涼之後，偽裝成涼拌菜也行。

進擊的煎魚，進擊的午餐，一個人也要吃得澎湃。澎湃的定義不是大魚大肉，而是恰到好處。

豆芽菜你到底怎麼了

豆芽菜是很奇妙的蔬菜，但要說是蔬菜好像又有點沉重，總覺得用蔬菜的說法還不如稱它為植物或幼苗，但它就是「芽」，長大之後還是芽，不會壯大成「樹」，這到底是怎麼回事？

大約是小學三、四年級左右，做過一項實驗，找一個味全花瓜的玻璃罐，罐底鋪一層厚厚的棉花，噴水將棉花潤濕，丟幾顆綠豆，就開始每天從家裡拿著罐子去上學，再從學校拿著罐子放學。每天這樣拿來拿去，彷彿什麼神秘的宗教儀式。發現綠豆開了一個口，冒出嫩芽時，人生就跟著出現曙光，光芒萬丈啊！

當時為了玻璃罐底的棉花到底該去哪裡找，應該是煩惱了許久，最後只能偷拿母親梳妝台上面的卸妝棉，那卸妝棉有淡淡的少女粉色，但是泡水幾天，粉色就淡去了，變成透明泛黃的「鼻涕狀」，綠豆冒芽之後，整個罐子，還會飄出微酸的氣味，好像夏天忘記收進冰箱的隔夜菜。

綠豆芽長得很快，一下子就冒出玻璃罐口，但是實驗栽培的綠豆芽又跟菜市場賣的綠豆芽不一樣，細細長長，像營養不良的瘦子。老師宣布實驗結束之後，那些綠豆芽到底怎麼了？完全想不起來，實在很絕情。

但我很愛吃豆芽菜，雖然豆芽菜有種「草味」，不喜歡的人還會說那是「草的腥味」。

早年母親在市場買來豆芽菜之後，會將豆芽菜倒在餐桌上，硬是要把豆芽尾巴的鬚鬚一根一根拔掉（老實說，我也覺得這是神秘的宗教儀式）。說來奇怪，家裡有四個小孩，可是拔豆芽鬚鬚的工作，都落到我身上，每次拔豆芽鬚鬚，內心都很哀怨，那應該算是童年的陰影吧！

即使如此，被逼迫拔豆芽菜鬚鬚這種不愉快的殘影，仍舊無損於我喜歡吃豆芽菜的心意。最近讀了某日本女作家的散文，發現她在料理豆芽菜之前，也會花時間拔掉豆芽菜的鬚鬚，因為是自己很喜歡的女作家，剎那間就覺得，一根一根挑起豆芽菜，拔掉鬚鬚，是多麼優雅的事情啊……真是糟糕呢，我這容易被說服的傢伙。

但是對於某些菜販將豆芽菜泡藥水漂白這件事情，我卻異常氣憤，這種欺騙行為，應該以現行犯逮捕才對吧！

是誰規定豆芽菜一定要那麼蒼白呢？何況，保持豆芽菜的原色不就是生產豆芽菜的使命嗎？「沒有泡藥水」不該是常理嗎？真的很悲哀，豆芽菜都覺得難過了。

但我覺得，豆芽菜應該不會因此而沮喪，畢竟，在那瘦小的軀殼裡，有強韌的生命力。每當颱風大雨過後，唯一可以用平實價格支撐菜價穩固的，就是豆芽菜啊，光憑這種義氣，人類就該頒給豆芽菜「不離不棄最佳貢獻獎」。

烹調起來也很簡單，爆香蒜頭，倒入整盤豆芽菜，加入一到兩根韮菜，熱炒，加點鹽巴即可。或木耳切絲，紅蘿蔔切絲，冰箱裡面，任何剩下一點點的各種顏色青菜都拿來切絲，跟著豆芽菜一起炒，怎麼搭配，都對味。

豆芽菜到底怎麼了？一點問題都沒有啊！拜託不要泡什麼藥水漂什麼白，漂白是黑道去選民意代表才需要進行的人工整型，豆芽菜一生坦蕩蕩，完全不需要。

女子高校之
老派沙拉的必要

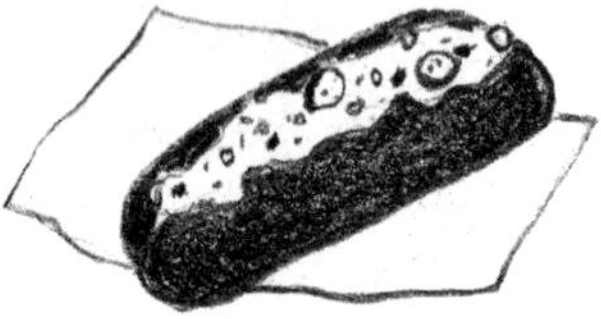

這輩子，關於沙拉的啟蒙，應該是這樣的組合：雞蛋、紅蘿蔔、馬鈴薯、小黃瓜，美乃滋。

早期也沒其他生菜沙拉的花樣，沒有萵苣、美生菜或苜蓿芽，更沒有橄欖油或亞麻仁油這類講究養生的油品，所謂沙拉，就該是淋上飽滿的美乃滋，而且是白色美乃滋，不是什麼橘色千島醬，沒那麼花勺稍。

不過我家最早並沒有美乃滋這樣的說法，大人都說那是「馬悠內滋」，某些辦桌酒席第一道冷盤，也有鮑魚加「馬悠內滋」，烏魚子加「馬悠內滋」。母親有一陣子去上烹飪課，回家自己用沙拉油和雞蛋做過「馬悠內滋」，我喜歡那味道，酸酸甜甜，就算拿湯匙直接挖來吃，也很過癮。

常去的麵包店也有一款沙拉麵包，長麵包畫開，塞滿沙拉，因為太滿了，小黃瓜、馬鈴薯、紅蘿蔔、蛋黃蛋白，都爭相探出頭來呼吸。帶著沙拉麵包去遠足，吃到嘴邊殘留一圈白色沙拉痕跡，好像是那個年頭「非常時髦的概念」。

高二開始上烹飪課，第一道學習的菜色，就是這款加了「馬悠內滋」的老派沙拉。馬鈴薯、紅蘿蔔跟雞蛋先用水煮過，放涼，去皮去殼，切成小塊，生的小黃瓜泡過鹽水，切成薄片，找個大碗，將食材混在一起，淋上馬悠內滋，拌勻。

烹飪教室在靠近福利社與蒸飯室的側邊，位於高二教室的一樓，而我的班級教室就在烹飪教室上方，二樓。

每個黃昏，肚子最餓的時候，下方的烹飪教室就飄來食物熟成的香味，那香味好誘人，對一個容易飢餓的女子高校生來說，那香味比放學騎腳踏車擦身而過的男子高校生，還要讓人想入非非。

但我已經忘記在那間烹飪教室還學過什麼料理，唯一記得的，也就是最初的這道老派沙拉，以及烹飪教室外面，那棵不斷掉葉子的小葉欖仁樹。

往後，沙拉種類比男女情愛的劈腿花心還要囂張狂放，老派沙拉成為稀有菜色，其他講究養生清淡的沙拉派別，開始進行那種接近於圍城的集體殲滅行動。有人說，老派沙拉的熱量高，有人說，美乃滋的成分不健康，但我會想起母親當年去烹飪教室學會做馬悠內滋之後回家獻寶的光景，材料裝進小湯鍋，不斷攪拌不斷攪拌，小湯鍋出現油亮的陽光色澤……然後我開始努力回憶，當年在女子高校的烹飪教室，究竟是自己打馬悠內滋，還是買現成的美乃滋呢？

大雨的日子，冰箱裡恰好有半條紅蘿蔔，一條小黃瓜，兩顆蛋，三顆馬鈴薯，看著那樣的食材組合，時空瞬間倒轉，彷彿身處島嶼南方的盛夏，女子高校烹飪教室的午後，第一道學成的菜色，這老派的悠然情愫一旦上身，也就懶得理會什麼熱量的糾纏了。

人生就該這樣啊，想要回味某個階段的歲月滋味，就該義無反顧的往回奔跑……即使是下著大雨的傍晚，也要撐傘衝到街角便利店，買一條軟管美乃滋。那美乃滋已經不像當年母親手做的馬悠內滋那般，有著燦爛陽光的色澤，不管是酸味還是甜味都少了奔放的誠意，不知道是我的味覺挑剔了，還是，屬於女子高校的青春已經褪色了啊！

唉，畢竟女子高校生已經無法重來了，所以，老派沙拉，是必要的，不能缺席。

偶爾也想要吃「今日特餐」

離開職場之後，偶爾也會想起以前上班的日子，正午休息時間到了，拿著小錢包，撐著小陽傘，跟同事出外覓食的往事。

其實也可以叫外送便當，但是僅有一個小時的透氣放風，如果能夠脫離辦公室的空氣與溫濕度，儼然就是遁入另一個時空磁場，人生因此可以得到短暫喘息。因此那出外覓食的行動，就變得很珍貴，猶如在監獄的牆上，鑿了一個洞。

尤其大學剛畢業那幾年，還是薪水微薄的小職員，也不能揮霍吃什麼大餐，頂多去吃港式燒臘，三寶飯或油雞飯，或是吃台式簡餐，雞腿飯排骨飯控肉飯之類的。這類簡餐要比外帶便當貴一些，但也沒有貴太多，多了5到10元。同樣的菜色，裝在大圓盤，配上餐具，比裝在保麗龍或紙餐盒看起來還要可口。湯品則是無限量供應，有些叫「公司湯」，有些叫「今日例湯」，都是那種料很少湯很多的一大鍋，譬如一片冬瓜切成薄片在水裡漂浮，類似那樣的稀稀疏疏，海底撈月。

有些簡餐店除了固定菜單之外，另有所謂的「今日特餐」，菜色是根據當日採買的食材決定，會不會也有廚師當日的心情包含在其中，不得而知。

到底是基於什麼理由，現在已經不可考了，總之，我特別喜歡點「今日特餐」。點餐的時候也不特別問細節，大圓盤端上桌時，哇一聲，驚喜或後悔，反正都來不及了，只能認命吃完。奇妙的是，很少有失望後悔的時候，畢竟能夠爽快做決定又負責任把一盤飯菜吃完，是那個人生階段，一個拘謹的OL，唯一能夠豪邁做點什麼的氣魄而已，嚴格來說，可能也算是一帖撫平職場挫敗感的療癒藥方。

而搭配今日特餐的話題，不就是小職員好不容易可以聚在一起講老闆壞話的黃金60分鐘嘛，所以，那些特餐之所以美味，不是因為摻了什麼高檔昂貴的醬汁，而是充滿同儕的革命情感，才會那樣迷人。

不上班之後，倘若要說有什麼遺憾，無疑是失去講老闆壞話的那種火力全開的怒氣噴發。就算在家自己料理午餐，偶爾還是會故意把烹煮好的每道菜都盛裝在大圓盤，彷彿進行什麼時空穿越的魔法，佯裝自己拿著小錢包和小陽傘，搭電梯下樓，某個轉角簡餐店，今日特餐加上今日例湯，一個人坐在餐桌旁，充滿熱血與氣魄，把一整盤飯菜吃完，再把一碗湯喝完。即使那碗湯的配料已經不是稀疏的等級，可也不是什麼繁瑣的功夫，至多就是日式味噌豆腐湯，或海帶蛋花湯而已，但比起那種一片冬瓜煮一大鍋的簡餐例湯，還是豪華多了。

這到底是怎麼回事啊？可能是懷舊的用意吧！

我的上班族生涯到了最後，竟然只剩下美味的記憶支撐著，譬如早上的餐車廣東粥與飯糰，以及莫名其妙加了貢丸的大腸麵線，下午蹺班去偷吃的水煎包與蔥油餅，還有，午餐的「今日特餐」搭配「今日例湯」……

果然美好的滋味，是可以讓人充滿戰鬥力的啊！

滷肉的餐桌地位

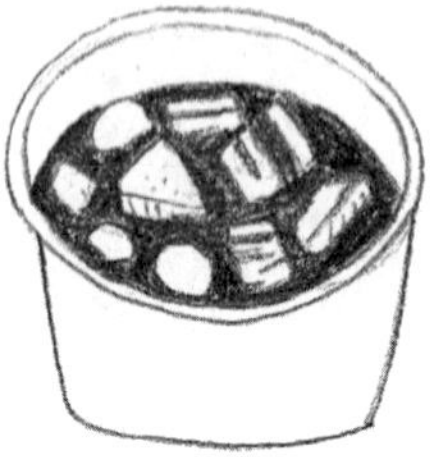

我家的餐桌上，滷肉的地位，等同於黨代表大會的大老。既然是大老，一進到會場，黨員都要起立鼓掌，不管是真心景仰，還是存心拍馬屁，都無所謂，既然是大老的身份，滷肉是不會計較那些真情或虛假的小細節，畢竟，人生什麼風浪都挺過來了啊！

早些年，母親習慣用彩色鍋滷肉，在那個一心一意反攻大陸的戒嚴時期，彩色鍋經常成為選舉賄選的代罪羔羊，候選人總是大喇喇把「某某某敬贈」的字體刻在彩色鍋上面，相較於味王味素，彩色鍋算是賄選物的高級品了。

我們家雖然有過一個紅色蓋子的彩色鍋，好險不是賄選的證據，好幾年下來，約莫也滷過數百鍋滷肉，後來那只彩色鍋究竟流落何方，已經不可考，反正也不是什麼反攻大陸的時代了，還是滷肉吧！

母親不愛滷包香料，只需醬油加冰糖，有時用三層肉，有時用後腿肉和腱子肉，有時也滷豬小腸，滷三角形油豆腐和滷蛋。先用大火，再用小火，鍋蓋「摳摳摳」的聲音延續一、兩個小時，整屋子滷肉香，彷彿是軍事佔領的某種宣示。

中學帶了六年便當，滷肉扮演不可或缺的中心打者角色，只要有滷汁拌飯，便當的地位瞬間升級。

彩色鍋之後，母親改用砂鍋，也試過先在瓦斯爐用大火煮滾之後，放進大同電鍋慢慢煨。醬油與冰糖份量拿捏全靠經驗，有時候看起來很隨性，可是鹹淡之間，不超過上下0.5%的誤差值，那才是精準到嚇人。

有了滷肉搭配，一口一口扒飯，稀哩呼嚕，吃飯變得好爽快。

我自己也愛砂鍋，用砂鍋滷肉，火候溫度好似都鎖得緊緊的，那滷肉香味在屋內徐徐蔓延，倘若再搭配「生米煮成熟飯」的飯鍋香氣，飢腸轆轆啊，就等著開飯了。

我自己大約每幾月就要滷一鍋肉，醬油、冰糖、米酒、蔥、薑、蒜、辣椒，跟母親的簡約風格比較起來，多了低調的點綴，有幾次也嘗試灑了花椒粒，另有一番滋味。

滷肉滷成學問了，砂鍋也用出感情了，醬油與冰糖調和的香甜氣味，有時鹹一點，有時甘一些。配飯好，麵條青菜加一加，滷汁稀釋做湯底，煮成湯麵，比外頭一碗一百塊錢的風味還要讚。

做菜就是這樣子，別人煮的，嫌東嫌西，自己煮的，再難吃也要收拾乾淨，這是訓練「自我負責」的基本功。

天氣涼一些了，滷一鍋肉吧！

雞胸肉的甜蜜復仇

今日，不用上班上課的颱風天。但窗外無風無雨，偶而還出現惡作劇探頭的小陽光。

據說撿到颱風假的上班族和學生把KTV和電影院都擠爆了，但是對於在家工作者而言，根本沒差。該交的稿子仍然要寫，例行的寫作日常照樣風雨無阻，所謂自由工作者的不自由，其實不是什麼了不起的情操，而是職業道德。

午前的作息，通常是上網把一些新聞連結看完。說來奇怪，這世界紛紛擾擾，可是變成新聞條目之後，仍有不少公關稿與置入行銷的殘影，搞得讀報像猜謎推理，生怕被「置入」，覺得那是詐騙。

在媒體的世界裡繞一圈，花不了多少時間。

繞完媒體圈，再看微網誌，這過程當中，當然要記得起身走動，除了避免筋骨痠痛，還要替午晚餐備料。

冷凍庫的魚或肉要退冰，該調味醃漬的步驟就趁這時候，需要浸泡清洗的蔬果也就在閱讀網路訊息的空檔，進行對抗農藥殘留的主婦魂大展開。這時候總想起長庚毒物科林杰樑醫師的叮嚀，蔬果要浸泡清洗15分鐘，林醫師去了天堂，往後他的叮嚀就變成神的聲音了，我希望用這種對自己吃食負責的態度，作為紀念他的儀式。

今天拿出來退冰的是雞胸肉切塊，用一大匙味噌和一小匙米酒，醃起來。

想起夏宇的詩：「把你的影子加點鹽／醃起來／風乾／老的時候／下酒。」

每次醃漬什麼，就想起這首詩，甜蜜的復仇。

想要醃起來的美好事物，太多了，但是肚子餓，先醃好雞胸肉再說吧！

一邊上網，一邊準備料理食材，變成可以定時離開電腦螢幕的美好習慣。

有時候也沒有具體要煮些什麼，打開冰箱，有什麼食材，恰好想吃什麼樣的滋味，反正也不必款待別人，自己決定的事情，好不好吃，負責任吃完，就好了。這人生不就是如此活過來才夠盡興的嗎？

提到調味，我不愛過度烹調，情願口味淡一點，也不要下手過重。

好吧，今天的雞胸肉是有點過鹹了，但是拿來配飯，其實也不錯，當成下酒菜，配啤酒，也是可以。

南瓜切成小小塊，用一大匙芝麻醬、半小匙百香果醋，大約200c.c.水，調勻之後，小火煮15分鐘，味道還不賴，放涼也可當點心。

至於青菜，今天走條紋風格，薑絲、豆芽菜、紅蘿蔔絲、木耳絲、小黃瓜絲。

切工是我的罩門，但今天也不必拘泥了，根本不是絲，而是隨心所欲的長條型。

鍋子小火，少許油，少到鍋子表面有一點亮度就好。先炒薑絲，再來是紅蘿蔔與木耳，最後才是豆芽菜與小黃瓜。

小火、低溫，不打擾到抽油煙機那樣的低調。盡量保持青菜的脆度，一點點鹽巴調味，起鍋之後，幾滴芝麻香油，放涼之後，偽裝成涼拌菜。

米飯採用白米與八寶米混搭，白米是之前團購贊助玉里棒球隊的，充滿熱血學生棒球的東台灣陽光滋味。

開始吃飯的時候，雨勢出現了，風還沒來。

也不煮湯了，這餐就搭配袋裝綠茶，颱風天嘛！

每日烹煮三餐，餵飽自己，算是花最小氣力的人生責任了。

我很喜歡。

清寒蛋餅

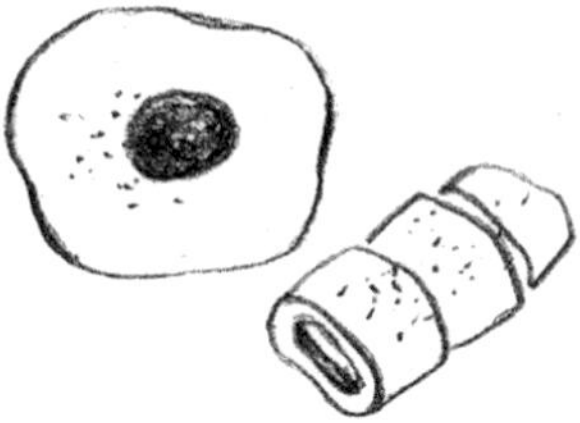

我很喜歡蛋料理，尤其是蛋餅。

小學到中學整整十二年，每天早上，母親都會幫全家人煎荷包蛋。蛋白透亮，蛋黃汁液鮮美。

母親煎荷包蛋的技術，應該足夠周星馳拍一部煎蛋少林功夫來向她致敬。

週日放假，不用趕著上學上班，母親會做平民普及版的法國蛋土司。土司切成四均等，泡在蛋汁裡，再放進油鍋煎成金黃色，我們戲稱那是「飯店的早餐」，真是自得其樂。

上大學之後，蛋餅成為早餐外食的主要選項。淡江側門水源街二段那條撞球間林立的墮落街，有間傳統早餐店，賣燒餅、油條、包子、饅頭、豆漿，還有蛋餅。我經常拎著蛋餅，在宮燈道奔跑，第一堂課，睡眼惺忪，還好有蛋餅，才能抵抗瞌睡蟲。

後來幾年，蛋餅變成一門早餐顯學，可以加火腿、加肉鬆，價格越來越貴，25元算普通，30元也有。早餐連鎖店一家一家，密度直逼7-11。美而美，美又美，美什麼美……可是那些蛋餅過於油膩，吃過之後，整天都覺得噁心。

於是自己買超市的餅皮來做蛋餅，有時候把起司撕成一條一條，包在熱騰騰的蛋裡，餅皮捲起來，利用餘溫融化，入口恰到好處。

不過，超市賣的餅皮，單價還是貴，做成蛋餅，嚼勁固然好，但是皮太厚，整體的感覺就遜掉了。

某天，發現永樂市場居然有賣「潤餅皮」，現場兩口爐，平底鍋，單手抓麵糰，甩啊甩，當場「抹」起來。聽說，台南人是清明節吃潤餅，台北人則是尾牙吃潤餅。

老一輩的人，說那潤餅皮不是「抹」的，而是「出」或「擦」，「出潤餅皮」與「擦潤餅皮」的說法，很有趣。

我買了半斤，50元，大概有20張，平均一張2.5元。回家之後，單張撕開，對折再對折，放進密封袋，放在冷藏最上層。

柑仔店賣的普通雞蛋，平均一顆4元；有機店賣的人道飼養雞蛋，貴一些，但是蛋黃色澤澄亮，平均一顆10元。

自己做蛋餅，油少，皮薄，吃得出雞蛋原味。找平底鍋，熱鍋，下油，打蛋。調味自己來，鹽巴少許，有時候也放咖哩粉或蔥花，或什麼都不放，最後淋醬油也行。

蛋汁下鍋之後，鍋子旋轉幾圈，鍋面覆蓋均勻，再把餅皮像蓋棉被一樣蓋上去，一數到十，就該翻面，最後捲起來，用鍋鏟切塊均分，整套過程，不到一分鐘。

好吃，自己做的蛋餅，真好吃啊！何況清寒價位，很適合待業人口，普通雞蛋＋

餅皮＝6.5元，有機雞蛋＋餅皮＝12.5元，好吧，加上一點點葡萄籽油與瓦斯成本，加5塊錢啦，但是自己做早餐的心意，無價。

●緊急登板救援又一餐

去菜場買菜，除非要請客，必須先擬好菜單，列出採買清單，否則都是逛著逛著，眼睛看到什麼材料，腦中剛好想到如何料理，或舌尖傳來特別渴望某種滋味的慾望，大抵在市場走一圈，就決定了。

這應該就叫做「煮菜魂」吧！

市場一圈，買了什麼食材，也就決定那幾日的菜色，就好像職棒球團選秀一樣，有媒體關注的「大物」即時戰力，也有未來可以預期的潛力股，或堪稱工具人的角色，類似這樣的採購原則，大抵都不會出問題。

比起球場上的工具人，食材界的工具人更是舉足輕重。總有些材料，不但球路多元，打擊無死角，守備範圍跟太平洋一樣寬，類似這種萬用食材，即使不在先發名單，也是很好用的口袋替補球員，或是在牛棚短暫熱身，就能緊急登板，解決滿壘危機，或解決一個人次，類似那樣的角色。

譬如這天醒來，清晨七點多，秋老虎逆襲的太陽已經佔據了榻榻米床鋪的一半面積，猛然想起，冰箱裡面的食材所剩不多，只有一個魚頭，一根紅蘿蔔，半盒蘑菇，一小把韮菜，兩片豆皮……唉，怎麼想，都是很弱的陣容啊！

原本該出門去一趟市場的，可是秋老虎一發威，就衝破34度高溫了，根本是夏季甲子園的規格，心想，也不該每次嫌備料不夠，就買新材料來應急，然後把之前採買的舊貨推入角落，逐漸泛黃、腐爛，最後成為廚餘丟棄，想想那些被丟棄食材的心情，多淒涼啊！

好吧，那就用現有的材料，正面對決吧，沒啥好怕的。

還是煮了飯，把材料拿出來，退冰，清洗，然後站在水槽前方，看著魚頭、紅蘿蔔、蘑菇、韮菜跟豆皮，就那樣互相凝望，好似培養什麼默契一樣。

「球賽就要開始了，現在放棄，比賽就結束了……」

我被《灌籃高手》的「安西教練」附身了。

腦袋好似一部資料庫搜尋引擎，如何料理，如何調味，總之，就按著節奏走吧，做菜就是這麼一回事，剎那間的決定，往往最對味。

韮菜切成均等，約3公分長短，用刨刀將紅蘿蔔刨成薄片，蘑菇也切成薄片，豆皮切成長條狀。

昆布醬油與水，約1：2比例，小鍋烹煮魚頭，水分大約漫過魚頭的高度就好，水滾之後，捏少許乾燥海帶芽，兩分鐘，熄火。

平底鍋，少許油，先拌炒韮菜，加一點水，再加入豆皮，蓋鍋蓋，悶一分鐘左右，僅用鹽巴調味即可。

也是平底鍋，放入紅蘿蔔跟蘑菇，滴少許芝麻香油，木鏟子，慢慢炒，炒出紅蘿蔔跟蘑菇的亮度，加少許昆布醬油，蓋上鍋蓋，直到蘑菇染上一層淡淡胭紅，就可起鍋。

開始開爐火，到裝盤洗鍋為止，還不到10分鐘。

調味都是「少許」，倘若下手過重，就吃不到食材的真滋味了。

以前聽過某位總教練說，狀況不好的時候，有狀況不好的調度。總之，這種精神，也適用於做菜。至於人生，應該也可以比照辦理。

自慢料理

自慢，是日文的用法，意思是說，自己很得意、感覺做得不錯、忍不住拿出來跟別人炫耀的東西。

做菜好像也是這麼一回事，很容易就成為「自慢」的練習。然而「自慢」也會有所猶豫，尤其是自己做給自己吃，難免從食材到調味與烹調方式都很主觀固執，當真要拿出來招待客人，很怕自暴其短，明明就不是什麼大不了的菜色，到底是自慢什麼勁啊！

我對自慢料理的標準有點嚴苛，倘若是一般食譜或傳統菜色的作法，別人也做得來，那就稱不上自慢，畢竟，任何人都可以自慢，就好像大家都看《哈利波特》，那就沒什麼特別的了。

最好是靈機一動，最好是面對窘迫的食材，最好是剩菜，最好是原本沒什麼期待，但是裝盤之後，瞬間燃起逆轉的快感，「啊，真不賴！」「原來自己是天才！」「倘若這樣，應該也是餓不死吧！」

總而言之，就沉浸在那樣自我陶醉、毫不羞赧的氣氛之中，別人眼中可能覺得沒什麼，可是自己卻「自慢」得很。自慢過一次以後，下次同樣的菜色再做一次，自慢的程度就降低了，一做再做，直到變成家常菜，好像也沒啥稀奇，只好尋求別的自慢管道。

因此，自慢如流水，從自己眼前緩緩流過，從驚喜到尋常，儼然是人生的另一種體悟。

最近比較自慢的料理，包括某次被熟識的魚販老闆慫恿，買了澎湖漁船現撈隨即炊煮的熟小管，只有少少海水的鹹度，不是那種醃漬過的「死鹹」程度。可是買回來之後，跟小管對看了半天，也不曉得怎麼料理。剛好看球賽喝啤酒少一味下酒菜，於是將小管稍微蒸過，加一點點朋友從沖繩帶回來的石垣辣油，我看過電影《企鵝夫婦》的故事，知道「邊銀食堂」的辣油典故，那味道也真的幸福美好，僅僅是簡單涼拌，好吃極了，搭配啤酒跟球賽，果然很自慢。

另一道菜的主角，其實是做成小章魚造型的蒟蒻絲，蒟蒻向來都是關東煮的材料，僅僅是突發奇想，就用半顆番茄半顆洋蔥，先用少許玄米油炒過燜軟，酸酸甜甜的湯汁甚至不用調味，就把燙過的蒟蒻小章魚放進去一起煮，起鍋之前，先熄火，捏一些自己種的九層塔，拌一拌，就好了。一位日本朋友看到我在網路貼了這道菜的照片，直說我顛覆了蒟蒻的命運。

再來，也是某個週日中午，也無事先煮飯也沒興致下麵，冰箱裡面有一小顆馬鈴薯、四分之一顆洋蔥、半片青椒，於是全部都切成正方形小丁，炒過之後，先盛盤，再熱鍋煎蛋皮，把那些蔬菜小丁用蛋皮包起來，偽裝成歐姆雷茲，再淋上大阪燒的酸甜醬，配色美，頗能刺激食慾，感覺也很營養。

最後，就純粹是偶然了。因為冰箱一盒即將到期的非基改豆干，想起小時候麵攤吃過的小菜，於是先用小鍋子，加了蔥薑蒜，用醬油和米酒，把豆干滷到膨脹，然後泡著滷汁，放涼之後，收進冰箱冷藏，分幾餐吃掉。這天剛好還剩半條小黃瓜與半條紅蘿蔔，也不用刨絲了，直接切成粗粗的長條，兩片殘留的豆干也切成長條，用麻油小火拌炒，加一點點昆布醬油就好。即使隔餐再吃，放涼的口感依然不錯，加點辣油更好。

有時候會檢討這種自慢的心態會不會是一種自戀，或是瞬間萌生出來的求生能力，或根本沒什麼，純粹就是把過去的吃食經驗，透過腦部排列組合之後迸出來的新花招而已。

不過，對於臉皮薄的人來說，自慢料理，還是自慢就好，沒什麼勇氣拿出來當成請客的菜色，一旦客人擦擦嘴，說一句「沒什麼啊，很簡單嘛」，那瞬間，簡直萬箭穿心，只要被這麼揶揄一次，大概從此倒地不起了吧！

白菜滷的生存意義

第一次嘗試做白菜滷，到底是為了什麼？

總是這樣子，某個時刻，突然會想要動手作一道關於思念的菜餚，如果料理必須有其意義的話，那麼，白菜滷的意義到底是什麼？但料理也不必那麼拘泥，講什麼意義，就沉重了。

恰好前一天在黃昏市場買了陽明山有機栽種的白菜，冰箱裡面有埔里香菇，還有東港蝦米，以及冷凍庫裡的梅花肉片……莫名的思念湧上來，那不就是白菜滷嘛！

是一道思念的菜啊！小時候家裡拜拜或年夜飯，就要請出白菜滷。母親的手路菜作法，是要先把扁魚爆香，那味道簡直勾魂，無敵，完敗壓倒對手的氣魄。

但我恰好欠缺扁魚來當先發啊，就靠香菇和蝦米爆香來雙先發吧！

梅花肉片要先調味，再加上蕃薯粉按摩一下，說來奇怪，肉片一旦被蕃薯粉SPA過了，就變得滑嫩無比，約莫筋骨都放鬆了，跟人類抓龍的效果一樣。

香菇蝦米爆香之後，白菜下去拌炒，米酒少許，醬油是一定要的，就用泡香菇和蝦米的水當湯底，蓋上鍋蓋，將白菜燜爛之後，把SPA過的肉片放下去，湯汁就開始黏稠了，這時候加胡椒粉和烏醋，也可以滴幾滴麻油收尾。

很愛這種酸酸甜甜稠稠黏黏的口感，要是湯汁多一些，就放一把米粉或油麵，偽裝成簡單版的滷麵。

白菜滷做上癮了，開始朝著任性的方向暴走。

某一年12月年終，天氣冷，氣溫低，嘴巴很饞，內心醞釀的小小砂鍋份量的「白菜滷」也就不斷膨脹壯大。恰好前一天在忠孝復興站附近進出，索性就到SOGO地下超市選購「梅花燒肉片」和「日本岡山倉敷市」直送的章魚竹輪，再加上一直都很喜歡的蒟蒻絲。家裡冰箱原本就有不斷在牛棚熱身的埔里香菇和東港蝦，決定正式登板時，為了缺一不可的凍豆腐，毅然決然穿起厚外套，小跑步衝到超市採買，能夠因為如此簡單的理由，頂著低溫寒風出門，完全都是為了貪心無止境的年末豪華《紅白歌合戰》陣容而佈局啊！

香菇先泡軟，燒肉片用醬油、胡椒粉、蕃薯粉先醃過。熱鍋之後，把蝦米和切絲的香菇爆香，白菜稍微炒過之後，加水和凍豆腐燜熟入味，再把竹輪、蒟蒻絲投入，最後到達沸騰的頂點，再用筷子一片一片將裹了薄薄一層蕃薯粉的肉片均勻分佈放入鍋子，稍等肉片表面呈現光滑透明狀，立即迅速調味熄火，此時廚房暖烘烘的，超級禦寒且充滿元氣的必殺絕技，完全燃燒！但已經不是白菜滷的模樣了，變成大雜燴。

也試過用味噌當湯底，或是加韓式泡菜，第二餐之後，可以勾芡做成大滷麵湯底，或乾脆加入辣椒醬，做成酸辣湯或酸辣麵。

總之，白菜滷升級之後，生存的意義儼然不同，有時候看著轉型升級的白菜滷，也不是沒有懺悔過，「把你搞成這樣子，真不好意思！」

但是白菜滷應該不會介意吧！

王牌救援炒麵

打開冰箱，就只剩下孤伶伶的洋蔥一顆，雞蛋兩顆，外頭下著大雨，根本不想出門覓食，如何是好？

我是個不愛囤積冰箱食物的人，除了居家必備的香菇等乾貨之外，舉凡蔬果魚肉，一概是前貨出清，才會進新貨，尤其不喜歡冰箱角落塞滿小包的肉絲、肉片，或爛掉的葉菜類與黑掉的水果，因為我不想讓冰箱淪為蔬果魚肉的停屍間。

所以，怎麼辦呢？好像先發中繼戰力都到盡頭了，牛棚練習區只剩下孤單的洋蔥與雞蛋，我變成煩惱的投手教練，無論如何，也要把局面守下來啦，要不然會餓死。

正在看MLB球賽轉播，一邊想著午餐沒有著落，撐著傘出去超商買微波食物也不是不行，就是不想啊，這種時候，到底在鬧啥脾氣？

洋基與天使對戰首局，靈機一動，立刻起身，先把香菇拿出來泡軟，約莫到了第八局，就可以登板救援了。

泡軟的香菇切絲，洋蔥切絲，雞蛋兩顆，還有前陣子原本買來當作防颱準備、前一餐吃剩三分之一份量的肉醬罐頭，當然要加上彰化老舖傳統黑豆醬油，還有基隆夜市紅燒鰻魚羹攤子買來的烏醋。

先燒一小鍋熱水把麵條煮到半軟程度，撈起來備用；再打蛋汁，煎成薄薄蛋皮，切成條狀備用；然後熱鍋爆炒香菇與洋蔥，加入度小月肉醬，少許醬油與烏醋，再淋上之前泡香菇的水，蓋鍋燜熟，趁湯汁未收乾之前，倒入麵條與蛋充分拌炒，最後滴少許辣油，就可起鍋了。

哈哈，完滿的救援成功，有洋基 Rivera 的水準，但 Rivera 也退休了，倒是炒麵的救援功力沒有年齡限制，也算厲害。

說來奇怪，洋蔥只要搭上烏醋，酸酸甜甜，就讓人想起台南的鱔魚炒麵，相似度超過九成，而我這盤炒麵根本沒有鱔魚，只有偽裝條狀的蛋皮，臨時遞補上陣，表現中規中矩，也算有膽識。

原本孤伶伶的洋蔥與蛋，有各路無名英雄相挺，所謂團結力量大，變身王牌救援，成功！

七月半的濃情與清淡

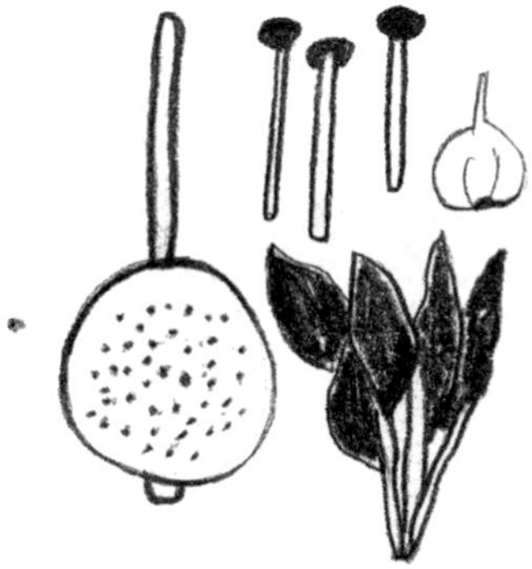

滂沱大雨，菜市場開滿一朵一朵雨傘花。純粹是冰箱裡面欠缺食材了，擠進市場入口，猛然想起，不正是農曆七月半，中元普渡的日子嗎？又恰好是颱風警報前夕，市場呈現「搶糧」的盛況，彷彿這颱風要來「一世人」那麼久，尤其青菜蔬果，不搶，怎麼行。

習慣採買的菜攤，幾乎被狂掃一空，還好我不是那種「颱風前夕之葉菜類瘋狂粉絲」，何況冰箱裡面還有一小把菠菜，多少可以拿來當作共襄盛舉的小依偎，這種關鍵時刻，類似波菜這種葉菜類，簡直是寶。

聽說未來幾天都是豪雨狀態，那就盡量買一些根莖類的蔬菜好了。青椒、馬鈴薯、南瓜、鴻喜菇、茄子、小黃瓜、紅蘿蔔，最後抓了一顆白菜。白菜原本不在預期名單內，但是那白菜對我發出乞求的眼光，「帶我回家，帶我回家」，好像跟我回家，是多麼幸福的事情。

跟老闆娘說，「妳們被搶劫了喔！」

她說，沒辦法，整個七月，都可以「普」啊！

什麼「普」？

普渡啊！

恍然大悟。

但是七月普渡不都是拜整箱國農鮮奶嗎？要不然就是泡麵跟餅乾？電腦撿的花生湯罐頭？還是什麼很澎湃的普渡零食包？

老闆娘說，才沒這回事呢，現在好兄弟喜歡吃天然的，因為怕死啊……但不是已經死過一次了嗎？

總之，老闆娘說，有客人買了五色蔬食，拜拜的時候，跟好兄弟說，自己煮，比較安心。

有農曆七月也不賴，所有過世的祖先親人都可以回到世間進行一個月的「期間限定」旅行，他們可能想去永康街吃吃東西，想去四平街逛一逛，然後去長春戲院的小廳看電影……當真想起來，也是很溫馨感人啊！他們才不是鬼呢，他們是穿越時空磁場的旅人才對。既然一年才能回來一個月，總不能叫他們一直吃罐頭乾糧跟泡麵啊！

那麼，就以清淡的菜色，迎接濃情的農曆七月吧！

【今日菜色】

醬油蒜頭清蒸魚頭：醬油是「瑞春」簽約契作的台灣黑豆醬油，蒜頭是台南二重港表哥自家栽培的。魚頭先用醬油SPA翻滾幾圈，蒜頭用菜刀拍扁之後，塞進魚頭的身體裡（這樣形容，感覺有「島田莊司」推理小說的佈局）。

青椒拌非基因改造豆皮：青椒切成接近森永牛奶糖那樣的小方塊，豆皮是未經油炸的非基改黃豆製造，也切成小方塊。小鍋小火，幾滴玄米油，稍許鹽巴調味，不必炒太久，最好保持青椒的爽脆口感，盛盤之後，加少許「丸大豆昆布醬油」，拌一拌。

清燙菠菜：革命前夕的摩托車，喔，不，應該是颱風前夕的一小把菠菜，就這樣「共襄盛舉」吧！快速清燙撈起，捏少許柴魚片，淋一點昆布醬油。

鴻喜菇豆腐味噌湯：非基因改造板豆腐，鴻喜菇，非基因改造味噌，以及菜攤老闆娘熱情餽贈的青蔥切末。當然要非基因改造啊，我不想吃飼料黃豆。

芝麻百香果醋冷素麵：上下游市集黑白無雙涼麵醬，溪底遙百香果醋，昆布醬油，日本播州素麵。素麵就是台灣人說的麵線。這道料理也沒什麼技巧，醬料先拌勻，素麵用滾水煮軟之後，用過濾冷水沖涼，再跟醬料混合就好。

五、小菜一碟

不必拘泥的紅白蘿蔔

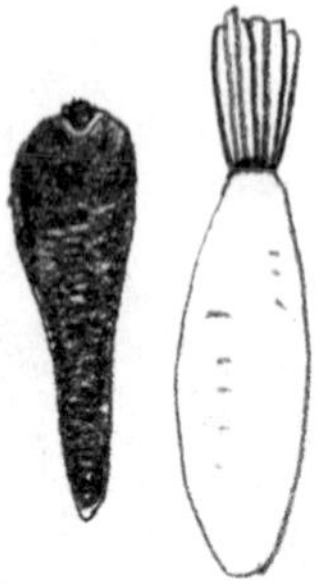

紅蘿蔔，白蘿蔔。
並不是因為讀了張愛玲的《紅玫瑰白玫瑰》，
而是某天，稍有涼意，突然想起日式關東煮，
鍋子冒著白煙，飄來沸騰的柴魚高湯味，
於是，就煮了一小鍋，只有紅白蘿蔔，沒別的，
好像有點淒涼，但其實不會。

白蘿蔔，或稱為菜頭，一根，去皮，切成大塊。
紅蘿蔔一到兩根，大概跟白蘿蔔相同份量，也去皮，
切成大塊。
所謂的「大塊」到底幾公分，隨意即可。

活在這個群體社會，有太多規矩，
唯有料理自己的吃食，機會難得，就靠自己的意思，
這是多大的自由與福氣啊，
所以，就不要拘泥。

用小鍋子煮，只要加入柴魚醬油或柴魚高湯，
若是手邊剛好沒有這類柴魚調味料，那就醬油加水
煮也可以。
總之，機會難得，不必拘泥。

煮到筷子可以穿透紅白蘿蔔的程度，

小菜一碟

白蘿蔔變成淡淡咖啡色，
紅蘿蔔變成漂亮的橘紅色，

鹹度自己調配，
鹹一點的，配飯吃；淡一點，當下酒菜。
最好找個美麗的小碟子，淋一點湯汁，
想像自己坐在京都先斗町的小料亭，
溫過的那壺清酒送上來之前，先吃幾口，暖一暖。

如此簡單，反而吃到紅蘿蔔與白蘿蔔的原味。
真的不需要太多複雜的調味，
複雜的調味，會不會就是矯情？
好啦！就這樣。

乾煎豆皮

一般市場買到的豆皮，大概超過九成都是飼料級的基因改造黃豆，不過，我經常光顧的傳統市場，有個豆腐品牌，一直都是採用非基因改造黃豆，尤其可以買到未經油炸的豆皮，更是難得。

當然也有販售油炸過的豆皮，不過我在料理這類油炸豆皮之前，會先用熱水燙過，去掉過多的油，既然需要多一道麻煩的程序，那就乾脆買未經油炸的白豆皮，一次大概買六張，分成三等分，用小尺寸的密封盒放入冷凍庫，可以用來煮湯，炒菜，但我最愛的，還是做成乾煎豆皮。

小時候在廚房看母親做過，剛煎好的豆皮，又燙又脆，非常好吃，那口感寫成記憶，相當難忘。既然自己也買到好的豆皮，就學著做做看。

豆皮在切菜板上面慢慢攤開，撒少許鹽巴跟胡椒，再按照原來的折痕，重新折回去。

熱油鍋，油熱之後，調整成小火，折成四方形豆包形狀的豆皮，小心貼著油的表面放入鍋內。要注意火的強度跟翻面的時機，否則容易沾黏，也容易燒焦。

煎到兩面都呈現金黃色，有輕微的脆度就好，避免煎得過老，水分都耗掉了，吃起來就過柴了。

通常，這道乾煎豆皮一起鍋，就會忍不住捏來吃，等到真的開飯時，反而只剩下空盤子了。

紅蘿蔔絲蛋

這道菜名，聽起來怪怪的。

已經忘記，一開始到底為何會做這道菜，而且算是個人很喜歡的料理，不管是烹調過程，還是吃進嘴裡的滋味口感，也不管當正餐配菜，還是當作點心，應該都可以。

好像是某一年，百貨公司週年慶，或是信用卡集點紅利兌換贈品，得到一個刨刀組合，只要更換刨刀片，就能有切片、切絲的功效，而且還能選擇切片的厚薄度跟切絲的粗細程度。當時，應該是用紅蘿蔔當成測試品吧，沒想到刨出來的紅蘿蔔絲，細細的，堆成小山，色澤好美，彷彿藝術品。

問題是，刨完的紅蘿蔔絲，該怎麼辦呢？

靈機一動，就打一顆蛋，跟紅蘿蔔絲攪拌在一起，熱油鍋，少少油，火也不要太大，用湯匙將紅蘿蔔絲蛋汁慢慢倒入鍋中，慢慢攤平，成一個圓形，A面煎到差不多，就用扁平的小鏟子兩把，左右對稱，插入蛋皮底部，撐住，然後一鼓作氣，前空翻，翻到B面，就這樣反覆翻來翻去，避免燒焦，煎到兩面都呈現漂亮的橘紅色，就可以盛盤了。

可以在打蛋汁的時候加入鹽巴調味，也可以在盛盤之後，滴少許醬汁，我喜歡用日式「お好み焼き」醬汁，如果是番茄醬，應該也可以。

半條紅蘿蔔絲的份量，大概搭配一顆蛋，不過，份量可以隨機調整，不必拘泥。

料理這種事情，也沒有什麼發明不發明的，多數是靈機一動，成功了，就成為私房料理，失敗了，只要默默吃掉就好。

不過這道紅蘿蔔絲蛋，應該算營養吧！如果擺盤擺得不錯，看起來還挺假掰的，彷彿什麼高級料理。

● 醬油蒜頭炒筍

老一輩的人，都有一些獨特的「手路菜」（請用台語發音），譬如我媽總愛說，她沒有手路菜，可是每次家裡有客人，明明做了一整桌澎湃的佳餚，她還是會跟客人說，隨便煮啦，沒什麼手路菜，而我心裡總是納悶，明明就有啊！

後來我才漸漸瞭解，我們家的手路菜，就是簡單家常，沒有過度烹調，看在美食家眼裡，實在不算什麼。但是台南真是嘴刁的養成地，食材講究新鮮，烹調手法不複雜，但要認真計較起來，也都有絕活，就是老一輩愛說的「眉角」吧！

這些「手路菜」根本沒有文字食譜，都靠母女、婆媳相傳，就像這道炒筍，也不知道是誰傳給誰的，純粹簡單的鄉野原味，我自己愛得很，總會邊吃邊回味，私自定義為「一道向長輩的手路菜致敬的料理」！

材料就只是桂竹筍。湖光市場恰巧有個爽朗的阿嬸，我喜歡跟她買東西，她的攤子有嘉義東石的鮮蚵、保證台灣產的蛤蜊與蜆，還有生魷魚和海參，大抵都是海鮮類，唯有那桂竹筍看起來似乎很跳tone。可是阿嬸對她的桂竹筍很有信心，夠嫩、夠酸，買筍送辣椒，買海鮮送嫩薑與九層塔，反正就是那種很夠義氣的菜市場大嬸啦！

桂竹筍是蒸熟的，買來只要稍稍清洗甩乾，順著筍的紋路撕成長條，再切成4公分左右的長度，先起油鍋，取蒜頭與少許鹽巴爆香，再把切好的筍子入鍋翻炒，適度淋上醬油調味，筍子裹上迷人的醬油色之後，就可以起鍋裝盤了，所有過程不需要五分鐘。

想要配飯配稀飯，就炒鹹一點，想要單吃的，就不要太鹹，嗜吃辣的，就添一顆小辣椒也不錯，總之，隨意就好。

畢竟是有記憶佐味的菜，吃起來就很不一樣。有一次請朋友來家裡吃飯，因為是臨時邀約，只能簡單煮一鍋白飯，煎一條虱目魚，挖一小醬油碟的豆腐乳，煎一盤菜脯蛋，燙一盤地瓜葉，再炒一盤筍。朋友邊吃邊說，好久沒有回南部家裡，那晚的菜色，讓他特別想家。

從此以後，我決定把這道簡單手路菜，歸類為「遊子想家料理」。

●我愛杏鮑菇

說得這麼直白，真是大膽。

只要是菇類，我都愛。有一陣子，獨鍾美白菇，但後來也忍不住劈腿，實在是杏鮑菇太誘人了。

杏鮑菇切片，煮雞湯，還真的有鮑魚的口感，絲毫沒有偽裝的罪惡與扭捏。所謂窮人的鮑魚啊，足以擊倒首富名媛，可以乾過癮的樂活好味。自從發現杏鮑菇之後，我更加確定，上帝與媽祖，果然是關了這扇門，一定會開了另一扇窗啊！

杏鮑菇乾爽、厚實，嚼勁媲美鮑魚，簡單調理就美味，有時候只要切片清燙，沾美乃滋即可，彷彿吃「辦桌」酒席的冷盤菜。

也可以嘗試另一種作法，切片之後，小烤箱烤過，最後再撒上胡椒鹽，比一般夜市賣的油炸杏鮑菇，還要好吃。

我也偏愛儉樸的醬油調味，炒韮菜花與五花肉片最好。韮菜花28元，肉片29元，真空包裝杏鮑菇數量紮實誠懇，也才52元，加上一顆蒜頭，很「豪華」吧！

杏鮑菇切片，只要順著紋路，切工不難，肉片要找肥瘦均勻的，菜市場肉攤的梅花小薄片，或是超市的火鍋肉片都可以。食材處理起來很簡單，從洗、切、到蒜頭爆香，快火翻炒，醬油調味，添半杯水蓋鍋稍稍悶一下，整個流程不超過10分鐘，豪邁坦率上桌，跟厲害的九局終結者一樣，咻咻咻，三上三下。

雖說加水燜煮，但也不要燜太久，否則韮菜花易凋黃，不好吃又不好看。起鍋前，滴少許基隆夜市紅燒鰻魚羹買來的「中華民國福建號食品行」出品的「王冠牌烏醋」，讚～！

因為湯汁太美味了，有杏鮑菇的清甜，醬油與烏醋的加持，決定煮一小把麵線，用湯汁乾拌，再灑幾滴辣油，美好的收尾。

毛豆還是清純的好

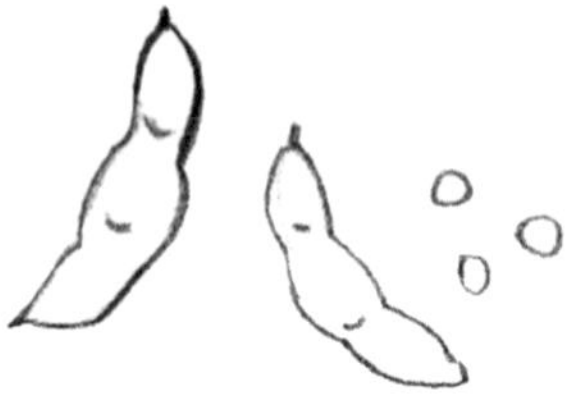

與毛豆初見面，好像是小學以前的事情。跟家人去外頭的餐廳吃桌菜，旋轉桌面都會擺一盤瓜子，一盤涼拌小黃瓜，一盤海帶，以及帶著豆莢的綠色毛豆，豆莢用胡椒或五香粉調味過，小孩子總是把豆莢的滋味先舔光，然後把豆莢裡面的毛豆，丟進大人的盤子裡。

我自己對毛豆的烹調方法很介意，一旦看到自助餐那種搭配冷凍玉米粒與紅蘿蔔小丁，加上切成小小塊的豆干丁，有時候還有芋頭，一起拌炒，完全失去毛豆原有的色澤與滋味，難免替毛豆抱屈，覺得那是糟蹋，不尊重，從來不會去夾那種菜色。

自助餐也有淋上豆瓣醬調味的毛豆，味道很重，可是毛豆變得黯淡，灰頭土臉的，吃不出豆子原味，也是委屈。

之所以這麼挑剔，可能是對於毛豆的味覺啟蒙，來自母親的烹調方法，毛豆剝去豆莢，稍稍用滾水燙熟，放涼之後，加上美乃滋，用輕銀小湯匙拌勻，豆子跟美乃滋匹配對味，就這麼吃成習慣跟堅持。

這幾年，我自己倒是愛上最單純的吃法，毛豆燙熟，也不要過熟，最好保持稍硬的口感最棒，撈起來放涼，當成零食。豆子的色澤鮮綠純粹，嚼勁好，可以吃到毛豆的內涵，毛豆的原味，感動啊！

毛豆原本就該堅持走清純路線啊，加油添醋，就只是矯情而已。

一般菜攤習慣將毛豆用透明塑膠袋包起來，有時候買回來，塞在冰箱蔬果盒，一疏忽，就忘了它的存在，再拿出來處理，毛豆變得酸酸黏黏，滋味確實不好。往後就記得了，買菜日的第一餐，必然有毛豆，毛豆的地位，等於腳程好、反應快的第一棒，類似鈴木一朗。

年紀大了，口味變淡，反倒愛上食材的原味，再說，這也真是白痴料理法的極致了，甚至連廚房的抽油煙機都不用開呢！

提到這種清純原味的調理方法，甜豆也適用，與毛豆可以組成「清純二人組」。

只是番茄蛋花湯

只是番茄蛋花湯，
就只是番茄蛋花湯，這麼簡單而已。

總會出現微妙的時刻，感覺自己好像沒什麼收入，
有點窮，不該揮霍吃大餐，
但是又覺得，該吃點營養的，
不知為何，就會想起番茄蛋花湯。

番茄，越熟越好，只要一顆。
最好是不小心買來放在冰箱，忘了吃，熟過頭了，
那就滾刀切一切，先放進滾水鍋裡，

煮到軟爛，煮到湯都被番茄滲透成番茄的「紅勢力」了，
那樣的色澤最棒。

雞蛋，也只要一顆。人道飼養雞蛋最好。
什麼是人道飼養？
就是生蛋的母雞不是關在籠子裡，
而是可以四處散步，愜意舒展筋骨，
生蛋的母雞要是心情好，生出來的雞蛋一定比較快樂，
雞蛋如果快樂，吃的人也就開心。

因此，人道飼養雞蛋的蛋白蛋黃從蛋殼縫隙露出小臉時，

會忍不住跟他們說，嗨，歡迎光臨。

把雞蛋打到蛋白蛋黃完全分不出你我，
趁著番茄湯沸騰全開的時候，沿著鍋邊，將蛋汁繞一圈，
滾啊滾啊，我的意思不是滾蛋的意思，
而是沸騰的番茄湯，把蛋汁煮成花一樣盛開，
所以才叫蛋花湯啊！

只要一點點鹽巴，一點點胡椒粉，
一點點芝麻香油，熄火之前，再灑一小把蔥花。
蔥花是怎麼來的？蔥花是一根蔥，洗乾淨，切碎，

猶如天女散花那樣，灑下去，隨即關火。

只是這麼簡單的番茄蛋花湯，卻讓我有營養的滿足感，覺得身體都「健康」起來了，這到底是怎麼回事啊！

●魚湯・一人份

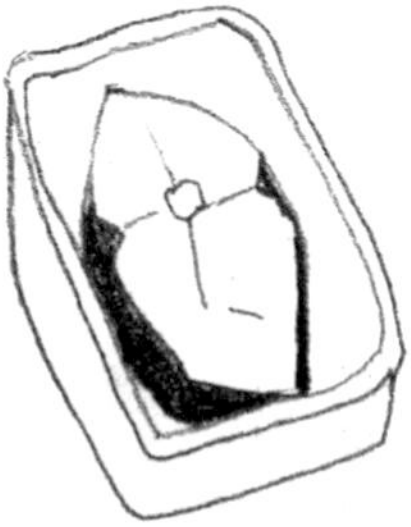

一人份的湯，看似簡單，卻不好煮。

多數是因為那種根深蒂固的思維，既然動手料理了，那何不煮一鍋？

所謂湯，不都是一大鍋嘛！

每餐重複加熱，盛一碗來吃，吃剩的，繼續放涼，再放進冰箱，然後又重複以上的加熱程序，直到整鍋湯，完食。

優點是，省事。缺點則是，容易膩。

結果一鍋湯，忽冷忽熱的身世，冰箱來回進出，否則就是膩了之後，也不想去熱來吃，就讓那鍋湯在冰箱角落孤獨生悶氣。

到底過了多久，最後總該做個了斷，才發現味道不好了，心一狠，只好倒掉。

週而復始，對食物，或是對自己，都是煎熬，實在不應該。

漸漸地，把烹調的野心縮小，盡量做一人份的湯，一餐完食，至多兩餐，最好一天之內收拾，尤其是，魚湯。

隔夜重新溫熱的魚湯，腥味就上身了，口感不好，魚的心情也不好。

魚若新鮮，恰恰燙熟的程度即可，肉質嫩，還保有Q彈的嚼感。

因此，市場買魚的時候，先拜託刀工厲害的老闆幫忙切成小塊，回家之後再分裝，放進冷凍庫。

一小盒一小盒，一次買兩種不同的魚，隨機穿插列隊，一餐抓一盒，抓到什麼魚，哪個部位，全看相逢的機率。

如果煮成清湯，只要水滾之後，把魚放入鍋內，再次沸騰出洶湧水花，就可以快速調味，少許鹽巴，少許米酒，灑上薑絲蔥花，蓋上鍋蓋，立刻熄火。

如果是味噌口味，則是水滾之後放入魚塊，再次沸騰時，一湯匙味噌充分溶入湯汁，確認沒有結塊，立刻熄火，灑上蔥花即可。

嗜魚的癮，一碗的份量，約莫八分滿足，不至於飽到撐。

魚湯，一人份，恰好。

畢竟，第一餐的魚湯，最好吃啊！

透抽是快樂的

老實說，如何分辨透抽、小卷、章魚、花枝、墨魚，其實是很迷惘的。

倘若像百科全書一樣，把「他們」並列，經由文字對照圖像的定義，大概在那瞬間，可以明確辨別「他們」的不同。可是一旦這個「百科全書」隊形打散了，「他們」任何一隻以單打獨鬥的形態出現在市場上，要精準且快速說出他們的「本名」，已經很難了，一旦經過烹調，也幾乎都長得一樣，口感類似，要分門別類，那就更艱困了。

可是，對我來說，不管是透抽、小卷、章魚、花枝、墨魚，或是另一種比較能夠因為外觀顏色不同而容易分辨的魷魚，不曉得基於怎樣的味覺啟蒙記憶，一旦餐桌上面出現這個家族的任何一款料理，不管是快炒，做成三杯，或清燙做成涼拌沾蒜頭醬油，甚至是魷魚曬乾之後，烤過撕成小片當零嘴，都覺得有快樂的成分在其中，會忽然大叫一聲，「有客人來嗎？」「今天的菜色看起來很讚啊！」

姑且就說他們是透抽家族吧！

家裡的女眷長輩都很會用菜刀雕花，把透抽或花枝或小卷或魷魚雕成漂亮的紋路，一下鍋，捲起來，像花蕊。

最簡單的，莫過於清燙，但是清燙要好吃，又有高深的竅門。如何燙得「自然脆」，而不是添加什麼人工藥劑，重點就是滾水下鍋，沸騰之前就要撈起，然後再滾水下鍋，再撈起，重複三次，最後放入冰塊水中，然後放入冰箱冰鎮。上桌之前，再拿出來切，沾蒜頭醬油最好。

冬季的青蒜便宜，就拿來熱火快炒透抽，一點鹽巴、一點米酒、一點醬油，或加點烏醋和少許糖，也可以炒韮菜花，只要鹽巴調味即可。總之，熱火，快炒，訣竅就是，快快快。一旦遲疑，透抽就老了，咬起來，如橡皮，那可就糟蹋了。

反正，只要看到透抽或透抽的家族朋友們上桌，就會不自覺像小時候發現母親端出這道料理時，忍不住驚呼，「有客人來嗎？」畢竟這菜色，看起來很讚啊！

● 清冰箱的最後兩道小菜

我的冰箱處理原則就是，所有的青菜魚肉沒有吃完
之前，不會去買菜，
一旦添了新貨進來，舊的食材就很容易被遺忘，
然後變成冰箱裡面的屍體跟垃圾，
這樣很無情，當初如何充滿期待將他們帶回家，就
該誠心誠意把他們吃完才對。
持續超過攝氏35度高溫，今日正午，更是毫不客氣，
來到 36.9 度的頂點。
冰箱裡面只剩下一點點高麗菜，一包鴻喜菇，一塊
嫩薑，一支蔥，和兩片炸豆皮。
天氣很熱，其實也沒什麼食慾，純粹就是，時間到

了，那就吃點東西吧！

高麗菜切絲炒蒜頭，這個很簡單。

另外，鴻喜菇和切成長條狀的豆皮先用滾水燙過，可以去除鴻喜菇多餘的酸味，也可以去除豆皮多餘的油份。

嫩薑切絲，蔥先拍扁，也切絲。

冷鍋，倒少許麻油，開火，先放薑絲蔥絲，爆出香氣，然後再把鴻喜菇跟豆皮放進去，拌一拌，加醬油，再拌一拌，就OK了。

嫩薑切絲，用麻油爆香過，再加醬油的這道簡單烹調程序，是阿嬤喜歡的料理起手式。

豆皮吸收了蔥薑麻油與醬油的香味，鴻喜菇還有種滑溜的口感，一大把，入口，會有飽滿的薑燒醬油味在口腔裡面「爆漿」的娛樂效果，好像歡迎新郎新娘入場的隊伍中，突然有人拉開紅色的小甩炮一樣。

中午就吃這樣，份量雖少，不會餓就好，也不要撐，過飽真的很痛苦。

等一下肚子餓了，再來吃芭樂。

一個人的粗茶淡飯

作　　者　米果
裝幀設計　黃畇嘉
插　　圖　Fanyu
業　　務　王綬晨、邱紹溢
主　　編　王辰元、曾曉玲
總 編 輯　趙啟麟
發 行 人　蘇拾平
出　　版　啟動文化
台北市105松山區復興北路333號11樓之4
電話：（02）2718-2001　傳真：（02）2718-1258
Email：onbooks@andbooks.com.tw
發　　行　大雁文化事業股份有限公司
台北市105松山區復興北路333號11樓之4
24小時傳真服務：（02）2718-1258
讀者服務信箱 Email：andbooks@andbooks.com.tw
劃撥帳號：19983379
戶名：大雁文化事業股份有限公司

二版一刷　2023年08月
定　　價　350元
ISBN　978-986-493-141-5
ISBN　978-986-493-140-8
（EPUB）

國家圖書館出版品預行編目(CIP)資料

一個人的粗茶淡飯 / 米果著. -- 二版. -- 臺北市：
啟動文化出版：大雁文化事業股份有限公司
發行，　2023.08　面；公分
ISBN 978-986-493-141-5(平裝)

1.飲食 2.食譜 3.文集

427.07　　112008105